U0516813

想到上班就失眠

〔韩〕李有林 著　田禾子 译

中信出版集团｜北京

图书在版编目（CIP）数据

想到上班就失眠 / (韩) 李有林著; 田禾子译. ——
北京: 中信出版社, 2022.5
ISBN 978-7-5217-3952-7

Ⅰ. ①想… Ⅱ. ①李… ②田… Ⅲ. ①心理压力—心
理调节—通俗读物 Ⅳ. ①B842.6-49

中国版本图书馆 CIP 数据核字 (2022) 第 009613 号

솔직히 출근 생각하면 잠이 안 오는 당신에게
(FOR YOU WHO CAN'T SLEEP WHEN THINKING ABOUT GOING TO WORK HONESTLY)
Copyright © 2021 by 이유림 (LEE YOU LIM, 李有林)
All rights reserved.
Simplified Chinese translation Copyright © 2022 SHANGHAI GAOTAN CULTURE CO.,LTD
Simplified Chinese language edition is arranged with Hongik Publishing Media Group.
through Eric Yang Agency

本书仅限中国大陆地区发行销售

想到上班就失眠

著　　者：[韩]李有林
译　　者：田禾子
出版发行：中信出版集团股份有限公司
　　　　　（北京市朝阳区惠新东街甲4号富盛大厦2座　邮编　100029）
承　印　者：北京协力旁普包装制品有限公司

开　　本：787mm×1092mm　1/32　　印　张：7　　字　数：102千字
版　　次：2022年5月第1版　　　　印　次：2022年5月第1次印刷
京权图字：01-2022-1585
书　　号：ISBN 978-7-5217-3952-7
定　　价：49.80元

版权所有·侵权必究
如有印刷、装订问题，本公司负责调换。
服务热线：400-600-8099
投稿邮箱：author@citicpub.com

目录

第三部分　想把工作和人都重置的周一

第四部分　对职场生活有利的东西

第五部分　因为不想去公司而进行的心理咨询

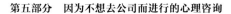

周一终究还是来了

周日晚上，
用纸巾堵住嘴痛哭的原因

　　一个周日晚上，我在没开灯的房间里号啕大哭，那还是我结婚前和父母住在一起的时候。我不顾家人的反对，拿出了所有积蓄去"辞职旅行"，之后回到韩国继续上班。身无分文的我一边说着"上班好辛苦"，一边哇哇大哭。我害怕妈妈一巴掌拍在我的后背上，只好捂住嘴，不，用卫生纸塞满嘴巴，堵住自己的声音。但是，眼泪不是想停就能停住的。一旦哭了出来，就要到泪腺变干、鼻子堵住、塞进嘴里的纸巾都被打湿才算结束。呸呸呸，本以为哭一场心里会变痛快，但没想到世间还有眼泪和汗水都排解不了的痛苦。

那时，我每天早晨5点半就要起床，洗漱完，做好上班的准备后，出门时间一般是早晨6点。我像被人推着一样挤上地铁，迷迷糊糊就到了公司。到公司是7点，然后开始准备7点半的会议。组长倡导大家做"晨间型人"，会议从周一到周五都有，每天开半个小时，如果没有特别需要汇报的事项，这个会议就变成了"闲聊"。会议以团队合作的名义、以沟通的名义、以完成绩效的名义召开，结果我们常常加班到很晚，工作效率反而变低了。但没有任何一个人告诉组长这个真相，大家都默默坚持着。

除了工作，职场关系也不尽如人意。我之前离职的公司里，欺负新人的现象非常严重。我的长相看起来比较凶，很容易被人孤立。工作环境也让人非常不舒服，比如工作任务唯独不传达给我、同事中流传着连我自己都不知道的关于我的流言、鼓起勇气提出的意见被无视。然而，现在这家公司的组长"更胜一筹"，他把满满当当的工作堆给我，急于考验我的工作能力。一个同事对我说："如果你能通过这个考验，我就承认你是自己人。"但我并没有因此产生什么斗志，身体和心灵反而更疲惫了。

更大的问题出现在下班后。我开始连父母轻微的唠叨都承受不了。在钟路[①]挨一巴掌，到汉江[②]哭一场，我把从公司得到的压力发泄在我生命中最珍贵的人身上。那是我第一次"觉得自己太差劲了"。

只要还在担忧赤字人生，
就无法放下工作和彩票

即使这样，我也不能辞职。因为可怕的赤字人生不知何时就会到来。根据 2019 年韩国统计厅发布的"国民转移账户"[③]调查结果，韩国人的经济状况大多按照"赤字—黑字—赤字"的顺序变化。从出生开始到 26 岁一直是赤字，从 27 岁到 58 岁变为黑字，然后从 59 岁起再次变为赤字。27 岁到 58 岁，这与普通人在职场工作的时

---

① 钟路区是韩国首尔的商务区，很多公司开设在这里。这里的意思是指"在公司"。（本书如无特别说明，所有注释均为译者注。）
② 汉江是贯穿韩国首尔的一条主要河流，两侧有滨江生活空间。韩国的年轻人喜欢在这里约会、散步。
③ 国民转移账户（National Transfer Account）能够掌握各年龄段人群的劳动收入、消费支出和养老金等公共资金流转，以及家庭内部和家庭之间私人资金流转的趋势。为韩国近年来研究养老等问题提供了新视角。

间相匹配。也就是说，大多数人都要用上班赚的钱来熬过走下坡路的赤字人生。

在既遥远又很近的未来，也有一个赤字人生在等待我。我要用剩下的 20 年黑字时间拼命赚钱，来度过 58 岁后的赤字人生。所以，我要坚持上班。是选择今天过得舒服，还是选择未来过得安稳？那时的我选择了后者。在那之前，我追求眼下的幸福，而接下来的人生，我要担忧的是看不见的未来。

但是，就算做好了这样的决定，也还是会有内心坍塌的瞬间。那天晚上就是这样。我的身体还在松软的被子里，但心和大脑已经坐在了公司的桌子旁，整个人处于肉身与精神彼此分裂的状态。我想着这样下去是不是要疯了，于是哭了出来。就这样大哭了好一会儿，我突然想起了什么——也许我有再也不用害怕周一的好运气！对，就是彩票。

呸呸呸。我赶紧把粘在嘴里的纸巾吐出来，从钱包里拿出一直珍藏着的彩票。呼呼，我深呼吸几下，冷静地打开了彩票，以祈祷的心情确认了数字，但是希望又一次落空了，什么都没中。短暂休息的眼睛再次充满泪水。就在这时，哗啦，房门被打开了。是妈妈。我以为背上终于要挨一巴掌了，结果却听到妈妈用温柔的声音问我发生什么事了。

"彩，咳咳，彩票又没中。明，明天，又是，周一啊！咳咳。"

我忍着眼泪，结结巴巴地说，妈妈用担忧的目光看着我。然后，她走过来，时快时慢地抚摸我的后背。妈妈的手比平时更温暖，我刚这样想，就听到啪的一声。这是妈妈毫不留情地拍打着身体还健康、心却已经破碎的女儿的后背的声音。在被力道变弱了的巴掌拍打之后，我才终于，终于，睡着了。

已经厌烦了哭哭啼啼，
 无论如何，还是要寻找工作的意义

童话里的公主，即使孤单或伤心也不能哭，而我，即使痛苦和生病也要上班。大晚上被妈妈失望地拍打后背已经是 6 年前的事了。在那之后我有变得不一样吗？我还是会在周日晚上有些忧郁，在周一早上有些沉默；仍然会在工作中因情绪涌上心头而哭泣，也偶尔会想干脆什么都不管辞职算了。但现在我明白了，无论我多么辗转反侧、多么痛苦，还是无法避开周一。总归要走上去公司的路。

　　如今，对于因工作辛苦而哭哭啼啼这件事，我也感到厌倦了。可即使这样，辞职不再工作也很不现实。我领悟到工作是为了维持生计这一真相，而这本书就讲述了我为了生存下去不断寻找"工作意义"的故事。我曾读过"看吃播不仅不会使人发胖，反而有利于减肥"的研究报告，"周一病"如果也能有这样的效果就好了。希望我这些为了职场生活能更好而拼命挣扎的故事，能为你带来一个不那么辗转反侧的周日夜晚。

第一部分

病因明确的
不治之症

1

去上班的周一
很危险

 周一很危险。

准确地说，是去公司上班的周一很危险。这并不是我的主观感觉，而是已经被官方研究证明了的事实。以下是我从偶然读到的新闻中摘取的，请大家细细品味。

日本爱知县旭劳灾医院的研究团队调查发现，因急性心肌梗死或脑出血等心脑血管疾病引发的事故主要发生在周一上午。

……

院长木村建议："为预防心脑血管疾病突发，在周一应该尽量以平和的心情，不紧不慢地开展工作。"同时，他特别强调，"尤其重要的是，不要在周一紧急处理滞留的工作，这很容易引起巨大的心理压力。"

——《周一清晨，心脑血管疾病的发病率很高》，日本经济新闻，2018 年 4 月 22 日

是的，上班族并不是无缘无故就不想去上班的，我们只是用敏感的神经感知到了某种"危险"。每到周日傍晚心情就忧郁，每到周日晚上就睡不着，每个周一早上都变得更加敏感，这一切都是有原因的。以前模模糊糊的猜测和感觉突然被确认为事实，这种时刻总是令人不舒服。

虽然周一的危险性已经被证明，但预防和治疗"周一病"的方法却还是老一套。诊断出的病因永远都来自该死的压力。"在公司不要给自己那么大压力"，这难道和建议"别去上班"有什么区别吗？在这个"一切向钱看"的世界上，又不会有其他人为我解决生计问题。

"不要有压力，周末好好休息。周日晚上早点睡觉。"
我之前常去医院的医生总是给我开这样的"处方"。

在我得胃炎、肠炎的时候，还有后来得带状疱疹的时候，他都在跟我谈"压力"。一次两次这样就算了，但我第三次去找他时，他竟然还像鹦鹉一样说着同样的话，我真想抓住他的领口跟他算账。

"如果没别的话可说，那还不如直接告诉我这是不治之症！"

但实际上，一直到诊疗结束，我都会把双手放在膝盖上，安静地坐着。为什么呢？因为医生的脸色比作为患者的我更难看。那一天对他来说也是周一。因为流行性感冒，医院里挤满了患者。接过处方后从医院走出来，我有些担心医生的心脑血管状况。

♡ 今日心得 ⋯⋯⋯⋯⋯⋯⋯⋯⋯⋯⋯⋯⋯⋯⋯⋯⋯⋯⋯⋯⋯⋯⋯⋯⋯⋯

周一就是这么危险，
到了患者担心医生的地步。

2
上班路上的
末日电影

 "司机师傅！我们现在很危险吧？"

没想到那天最先跳起来的，竟然是坐在我旁边的男人。从我上公交车开始，他就在睡觉，甚至在大雨不停地砸向车窗时，他也一动不动。但当开往舍堂站的公交车因为积水停在了南泰岭大道上时，我旁边的男人突然站了起来，像个在悬崖边摇摇欲坠的人一样恳求着司机师傅。男人的嗓音非常尖锐，引得其他乘客从忧虑逐渐变成了恐惧。

那已经是 7 年前的事情了，但那天上班路上发生的一切我仍然记忆犹新，就像一部末日灾难电影，每个画面至今仍然可以清晰地浮现在我眼前。

那天因为暴雨，舍堂洞和方背洞被淹了。众所周知，舍堂洞是职场人又爱又恨的换乘地区，地铁2号线、4号线，还有很多条线路的公交车都在这里换乘。大量的上班族必须在舍堂换乘才能上下班，我也是其中一员。从我住的地方到公司所在的宣陵站，首先要乘公交车到舍堂站。但那天，还没到舍堂站，公交车就停下了。因为快速上涨的积水和连成一片的雨幕，车没办法再往前开了。最后，司机师傅不得不以一种认输的姿势从驾驶座上站了起来。

所有乘客都掏出了手机。咔嚓咔嚓，有人在这种情况下还为了获得社交平台上的"赞"而拍照；有人像交代后事一样给家人打电话，"老婆/妈/亲爱的，我该怎么办啊"；有人查看实时新闻，想确认车到底是不是真的不能再往前开了。但是，大部分乘客对着手机说的话让人震惊——"部长，因为大雨，公交车淹在水里了""经理，我好像要迟到了""金次长，我们把今天开会的时间延后一点吧"。大家在自然灾害面前最担心的是同一件事——上班。我也是。

"前辈啊，碰到了天灾……自然灾害……因为不可抗力，我没办法9点到公司了。真的很抱歉。我保证以后不会再发生这样的事了。"我甚至还跟同事打电话道歉了。

在这进退两难的情况下，旁边的男人冲司机大喊："您打算就这样放弃乘客吗？"他拷问着司机的职业精神，但大部分乘客并没有跟着他一起抗议。那个男人也看到了远处的舍堂站。天气好的话，到舍堂站的这段路其实非常适合步行。这时有人大喊："地铁2号线和4号线好像还在正常运行！"

这是命运由自己掌握、行动胜过语言的时刻！我冲进下车的乘客中间。粗大的雨点借助大风的力量后更具攻击性了。我有一瞬间后悔没穿雨鞋出门，但又庆幸那天穿的凉鞋是用便宜的人造皮革而不是真皮做的。

我跑到了马路边上，雨水已经涨到了脚踝处。我费力地撑开了雨伞，但要挡住大风刮来的雨点还是有些吃力。背包和肩膀一瞬间就被打湿了，路上水流的方向和我要去的方向相反。我就像逆水而游的鲑鱼一样，一步步奋力前行。越往前走，舍堂站越近，但积水也更深，都到了小腿肚的位置。这时我才有空看了看四周，一起跳下来的人们脸上都写着"哎呀，好像太着急从公交车上下来了"的表情，但即使后悔，现在也没有退路了，大家只能继续往前走。

我们沉默着走了一会儿，离地铁站口更近了一些，但面前却是人们茫然的背影。我赶紧走上前去想看看发生了什么，结果看到地铁口的瞬间，我差点跌坐在泥水中。地铁入口紧闭，横幅上写着"禁止出入"四个大字。

正当我用埋怨的眼神看着远处的公交车时，一个中年女人大喊一声："从另一边的入口可以进去！"

我随着她的声音看向马路对面，真的有人正从那边的地铁口走下去。只要穿过马路就能到达那个入口，问题是，平时总是拥堵的马路，今天虽然因为积水没几辆车，但积水看上去很深，水流速度也非常快。

永远都有出头鸟，这次，还没等我考虑好，第一个跳进水中的男人的背影就像多米诺骨牌一样，引得人们陆续跳进水中，和之前一样，我也不得不加入其中。当我还在后悔的时候，一只脚就已经踏进了积水。我为什么不是在亚马孙雨林,而是在首尔市中心陷入了如此境地?

刚走过马路中间,水流就开始变得湍急。要是摔倒了该怎么办?突然,全身都可能浸泡在泥水中的恐惧感席卷而来。就在这时,有个人朝我伸出了手,怎么会有这么令人感动的时刻!我抬起头想看看朝我伸出手的人。又是那个男人,在公交车上睡醒后引起骚动的邻座男人。果然人不可貌相,我赶忙抓紧了他的手,然后把另一只手递给身后的女人,女人握紧了我的手后也抓住了她后面大婶的手。拉起手的人们就像多米诺骨牌一样连在一起。万幸,所有人都安全地走到了马路对面,还有比这更温馨的时刻吗?和这么多人一起走过原本互不相干的上班路,我差点就生出了有些不合时宜的感动。

如果这是部电影的话,我和拉住我手的男人会以此事为契机开始联系,进而发展成恋人,然而这是现实世界。男人一渡过"江"就甩开了我的手,跑进了地铁站入口。我也一样。幸好他去的是 4 号线,我去的是 2 号线,真是万幸,不然当时的画面可能就是我在追着他跑了。

"对不起，对不起，对不起，对不起，对不起，对不起。"

拍完"末日电影"，我坐上地铁，冲进公司，刷好工牌，终于走进了办公室。已经过了 10 点。怎么会这样？除我之外的所有人都已经来上班了。我喊了和办公室人数相同次数的"对不起"后坐到了座位上。我以一副落汤鸡的样子到了公司，但没有一个人问我遇到了什么事。我放下包，打开笔记本电脑，很凄凉，很难过。一部普通电影的时长是 120 分钟，而我今天拍摄的末日灾难电影长达 180 分钟。与电影中最终迎来幸福结局的主人公不同，现实中的我以悲剧结尾，因为今天肯定要加班了。

我不打算马上就投入工作，装模作样工作了一会儿后，我去了洗手间。沾满泥的大腿黑漆漆的，确认清洁阿姨不在后，我把腿抬到了洗手台上，开始洗腿上的泥。像阴天一样深沉的灰色泥水从腿上流下来。但是，洗手间没有肥皂。我要一直这么黏黏糊糊的，难受到下班。而且，工作又增加了一件——清理因为我的腿而变得脏兮兮的洗手台。

成功学电影的开头总是充满各种困难，
主人公做每件事都会遇到挫折而失败，
但在电影的中后段总会迎来一丝希望。
真好奇，我的职场生活要到什么时候，
才不仅仅是电影开头的反复。

3

迷你可爱的工资
进账了

 "今天是 10 号。发工资了！"

像往常一样，我的账户中增加了一组小而可爱的数字，对公司不满的情绪稍稍减弱了一些。如果这种心情可以持续一整天就好了……

信用卡还款，"呜——"

保险公司缴费，"呜——"

手机通信费，"呜——"

手机仿佛安装了"工资到账感应器"一样，从公司得到的钱一刻不停地被转到其他公司去了。这时的我变得非常敏感。"呜——"，每次手机振动我都会心慌，我只能死死盯着一点儿错都没有的手机。

其实，发工资的日子并没有什么不同。今天的午饭仍然是在公司附近的"妈妈饭桌"吃的。如果问我何时最在意性价比，我肯定会说是在公司上班的时候。我也不知道为什么会那么心疼在工作时间内花的钱。因此，我对只花 6000 韩元就可以敞开肚皮吃的"妈妈饭桌"非常感激。它的性价比极高，最低配置也是烤牛肉和锅包肉，或炒猪肉和炸鸡，或蒸鸡和酱牛肉，一对一对轮流出场。除了汤之外的小菜就有 6 种，米饭也可以选择白米或紫米，还有解馋喝的乳酸菌饮料。但这家饭店并不是一开始就这样的，原来它也是一家交多少钱就享受多少分量食物的饭店，顾客有时还会吃不饱，但因为周围其他饭店都价格高昂，菜也不怎么好吃，所以这家店里总是坐满了人。听说店主大婶一直非常开心。

　　这家饭店发生改变是从旁边开了家"丈母娘饭桌"开始的。两家菜单相似，位置又靠在一起，很快半数客人就被吸引过去了。而且，"丈母娘饭桌"刷信用卡是不收手续费的，而"妈妈饭桌"会收 10% 的手续费。对这一点不满的客人就转去了"丈母娘饭桌"。最终，"妈妈饭桌"的店主决定和"丈母娘饭桌"正面对决。她将肉类菜增加到了每天 4 个，有时还会供应鱼肉。于是这家店成了即使多交 10% 的手续费——600 韩元，也让人觉得满足的饭店。这场对决，"妈妈饭桌"完胜。

客人虽多，店主大婶的脸色却日渐难看。我想，她也许和我处在同一种伤心困境：虽然有收入进账，却赚不到一分钱。我用心疼的目光看着店主大婶，走进了饭店。但今天的小菜给得不多，肉类小菜只有一个，怎么会这样！刚才的同情瞬间消失，差点就要说出"要是再发生这样的情况，我就去旁边饭店吃了！"的话。不知是不是我的心情被看透，和我一起来的恩珠替我说了出来。

"老板，现在'丈母娘饭桌'的饭菜好像完全赢过您了。"

我正想高兴地附和恩珠，旁边的正锡说了一句戳脊梁骨的话。

"哎哟，这里毕竟只要 6000 韩元嘛。这么点钱去哪里能吃上炸鸡啊？"

他的话是对的，此刻看着凉掉的炸鸡，我心里生出一种屈服于"用价格来衡量一切"的心情。这样类比的话，我的劳动价值也和凉掉的炸鸡差不多。我的劳动价值对公司来说也只是性价比很高的炸鸡而已。

"我现在成乞丐了。"

这次说话的是载贤。正吃着鸡腿、满嘴油光的他，突然冒出这么一句出人意料的话。怎么说自己是乞丐呢？

"我最近买了房子。现在要像乞丐一样生活了。"

我想回答他，"那你也是有底气的乞丐"，但还是忍住了。比起猛烈上扬的房价曲线，工资的上升曲线非常平缓。载贤下定决心买房子的时候正值房价达到最高点，而且，他的租房合约正好到期了。虽然一切都非常不稳定，但他还是进行了人生中最贵的一次购物。这次就不是用银行卡分期付款了，而是要到银行贷款才行，这样买到的房子，既不是自己的，也不是别人的。

"呜——"

"××银行结算30000韩元。"

吃饭的时候，银行就已经把钱从我的卡里转走了。此刻，上个月买的移动收纳箱才完全属于我。

"要喝杯咖啡吗？"

吃完饭后，我和同事们一起去了咖啡店。虽然公司里也有咖啡，但今天大家看起来都想在外面喝咖啡。这种程度的小奢侈还是能承受的。

　　"我们去这里吧？"

　　我们一伙人走到咖啡店门口，但大家都有些犹豫。很想走进去放松一下，但头脑里的计算器却在不停地按动。紧紧巴巴只吃6000韩元的午饭，难道还有心情喝6000韩元的咖啡吗？我们犹豫了一会儿，转身去了咖啡店对面建筑的地下一层。只不过是多走几步、少晒点阳光而已，但这里的美式咖啡只要1500韩元，拿铁只要2000韩元。小小的奢侈变成了更小的奢侈。

　　"不过，最近的加班费有点奇怪。我还听有的人说，现在要按照老板的心情给加班费。"

　　手里握着拿铁的美善提出了"加班费阴谋论"。我回想了一下，有时晚上加班和周末加班比平时多，但下个月入账的工资却比平时少。如果去问总务组的话，总务组会说是因为失误才少发的，下个月会多发一些。但这事似乎不只发生在我一个人身上，如果是故意少发，就更应该追问清楚。对于一杯咖啡都只舍得在地下咖啡店买的人来说，几万韩元是非常大的数目了。美善说她会代表大家向公司询问。就这样到了下午1点，午餐时间结束了。

"叮咚。今天我打折。"

无法专心工作。电脑屏幕角落里弹出的广告像打地鼠游戏一样，点击关闭后又不停地跳出来。我并不相信"精诚所至，金石为开"这句话，但这种情况真是例外。广告弹出十次，总有一次会不小心点开。这样下去就要加班了。时间就是金钱，我得赶紧集中精力，高效工作。

老公，我打钱过去了。

从公司获得、又被其他公司转走的工资所剩无几。我把已经缩水的工资转给了老公。家里财务是他在管理。提前转走工资，这样就能早点下班——没有钱了，即使有广告弹窗的骚扰，工作效率也会变高。

今天是发工资的日子，我们在外面吃吧？

晚上 6 点左右，老公发来信息。我陷入了苦恼，在外面吃当然是又好吃又方便，但是老公和我都是大胃王，无论吃什么都是三人份起。如果是烤肉店的话，我们要从三人份烤肉开始吃，接着还要吃冷面和大酱汤。要做好至少花 50000 韩元的准备。这时，我想起了每个月都要交 50000 韩元的养老保险。是去吃马上可以填饱肚子的肉，还是老了以后可以自由地吃肉？我认真思考了起来。

我买肉回家吧，我们在家里吃。

在外面吃美食的想法让路给了未来。为了等年纪大了多吃别人烤好的肉，今天决定在家吃自己烤的肉。

下班后，我去了小区附近的猪肉店。今天穿着工作服来买肉的人特别多。

"一条五花肉要 16000 韩元了？"

"最近又涨价了。"

怎么偏偏在发工资的日子变成了"金"花肉呢？肉已经被切成一块一块装进袋子里了。早知道就只买半条了，但我又不想再寒酸地开口说只要半条。我把信用卡递给肉店老板，悄悄和他说："可以再给我一把葱吗？"

我不知道省下这一点蔬菜钱到底可以让日子过得多好，但我知道，这把葱会被放进泡菜汤里，做出一碗香浓的汤来。

"老公，之前觉得发工资的日子最开心了。但最近却觉得发工资的日子最可怕。不知从什么时候开始，我感觉好像被这么点工资支配了。"

那天晚上，我把当天发生的事情告诉了老公。他没有回答。分吃完一条五花肉后他先睡着了。不管是他还是我，过了今晚，明天仍然要到公司上班，等待下一个月的工资。

对我来说，也有成就感比工资重要的时候。我曾极度迷恋通过工作实现进步、完善自我的那种"错觉"，但现在，工作对我来说只剩下工资。一整个月拼命工作获得的成就感并没有办法帮我购买 30000 韩元的移动收纳箱。

♥ **今日心得** ┈┈┈┈┈┈┈┈┈┈┈┈┈┈┈┈┈┈┈┈┈┈┈┈┈┈┈┈┈┈┈┈┈

> 经过精确计算，工资也只够吃饭、生活。
> 迷你而可爱的工资是我必须上班的理由。
> 虽然很悲伤，但现在只能这样。

4

上司的刁难就像
堵死的高速公路

 "怎么看都像神经不正常的人。"

秀珍打破了沉默。"呵呵"，大家脸上都挤出尴尬的笑容，急速冷场的氛围没什么好的缓和方法。上周四，我突然被总公司的负责人叫去参加会议，原因是临时有一个需要快速推进的项目。从几周前开始，这样的事就多得数不清了。有很多同事周末两天都要上班，我们面色憔悴地走进会议室，听到的果然和预料的一样。

"这个就拜托大家下周一前完成了。"

又是这样。本来最少需要一周时间完成的工作，总是被要求在一两天内完成，或者在小长假放假前一天布置某个任务，放假回来的第一天就要提交。如果不是把我们当作机器，应该没人能做出这样的工作安排吧。

"工作堆了这么多，大家都很辛苦啊。"

组长终于忍不住了。考虑到他平时是个沉默寡言的人，说出这种话说明他已经非常生气了。但棉花拳头终究只是棉花，这句话并没有起作用。而且再多说两句的话，也许还会从秀珍那里听到"更坏的消息"。

"最近公司的氛围就这样，上面的领导说，如果需要的话，哪怕是周末也要工作。"

她说的"上面的领导"是谁呢？是代理？科长？次长？组长？部长？常务？还是专务？如果都不是的话，难道是代表？为了推测出"上面的领导"到底是谁，我又一次提醒了自己"上面"真的有太多人这个事实。这些人都在我之上。这么说的话，我脚踩的地方又在地下几米呢？

"最前面的车到底在干什么啊？"

和老公恋爱的时候，我们曾去江原道旅行。也许因为夏天是休假高峰期，高速公路比平时拥堵很多，我们停滞了很久。于是老公就开玩笑说了这句话，我们笑了一会儿。渐渐地，我开始真的好奇起来，最前面的车到底在干什么，能让连交通信号灯都没有的高速公路堵住？话说回来，最前面的车又到底在什么地方呢？

我这不着边际的好奇心通过网络搜索很快就找到了答案。高速公路拥堵的原因除了交通事故和道路施工之外，大致分为三种：

第一种，在车道变少的汇入处，车辆需要减速；第二种，有变道和超车，或者其他需要踩刹车的情况；第三种，刹车的蝴蝶效应，如果前面几辆车踩刹车，那后面的车辆也需要踩刹车。

由此我想到，工作系统乱成一团、离职率很高的公司都存在哪些问题呢？我猜，跟高速公路拥堵的原因是差不多的。第一种，就像道路变窄，汽车就要减速一样，领导的位置越高，越难说"不行"；第二种，与变道和超车等需要踩刹车的情况类似，以各种理由叫停业务的上司越来越多了；第三种，也就是决定性的蝴蝶效应，如果工作中某个环节掉链子的话，全体员工就会陷入混乱。在这样的"拥堵式"公司里，基层员工和临时工就得不合理地加班了。所以我觉得，工作不应该只有报告和执行，而应该在大家充分沟通之后共同去推进。

"我想堂堂正正地工作，但每天这样求着别人，已经疲倦到没有斗志了。"

仔细看看，前不久才从试用工转为正式工的秀珍，她的脸上也不再有笑容了。她的心情也可以理解。努力工作到现在，却发现前方是更深的泥潭，内心肯定非常煎熬吧。我并不能确定秀珍的心思，但我可以确定的是，更可怜的是我自己。

那天我一直加班到凌晨，第二天又很早去上班，一想到认为周末加班是理所当然的"上面的领导"，我至今仍感到血压在飙升。

♥ 今日心得 ···

在高速公路最前面开车的司机知道后面的情况吗？
看上去在后面跟着他的司机们，
其实都在奋力寻找各自的新出路。

5

孤独的周一，
努力工作

 "顾客，您好！"

我曾经在一家通信公司负责编写咨询剧本。解释得更详细一些的话，就是为了能让客服中心的客服人员为顾客提供更有品质的服务，而制作符合产品和咨询事项的剧本。说实话，这是我对外解释的话术。

其实写这个剧本的目的并非只有这一个，而是有两个。一个是为了提升客户满意度，一个是为了提升产品销售量。比如，像下面这样：

　　客服：（亲切地）好的，顾客，将根据您的要求为您变更套餐。

顾客：好的，谢谢……

客服：（快速地）等一下，顾客！经过确认，我们有很多为 VIP 顾客准备的优惠。您之前为什么都没有使用呢？

顾客：（好奇心爆发）VIP 优惠？

客服：（就是现在！）是的。长期使用我们通信服务的顾客，本月末我们有一个商品，可以享受 50% 的优惠。

顾客：（欸，还以为是什么呢！）啊，好的。不用了，谢谢。

客服：（等一下！）在这个基础上如果再加上家庭折扣的话，可以享受比现在更便宜的高级服务。

顾客：（真的？）比现在还便宜？

总而言之，这项工作就是要引导咨询的客人订购更多的套餐或升级现有套餐。不要觉得这是一种欺骗，也有真的更实惠的时候。制作这种剧本，需要细化顾客的性别、年龄段、所在地区等数据。为了完成这项工作，我还读了不少关于营销和心理学的书，但在实战中，仅凭理论制作的剧本常常用不上，所以要进行后台观察。后台观察就是查看客服人员是否会按照设计好的剧本进行介绍，剧本是否有错误的地方，确认是否有需要添加的内容，等等。

实际上，咨询是一场实时直播，绝对不会跟着设计好的剧本走。突然发脾气的客人、拒绝走正常流程的客人、抓住话柄不放的客人，除此之外还有数不清的突发状况。一位电话客服中心的客服曾在某个电视节目中表示，她印象最深刻的是有一位客人说："小姐姐，我彩票中了一等奖！"是的，不用面对面的话，确实可以碰到各种各样的人。

那一天下了暴雪。周日晚上，我做了一个要踩着厚厚的积雪去上班的噩梦，早晨醒来一看，噩梦竟然成真了。双脚踩在滑溜溜的路面上，有时还需要用四只"脚"一起走，最后才勉强来到公司。那一天我要听一整天电话录音，检测一个月前写的剧本的使用情况。

电话录音文件一般按照购买商品和咨询事项进行分类。对于这些数不清的录音文件，我要检查它们是否使用了编写的剧本。电子表格用日期来分类，点击日期就可以看到从近到远的所有通话记录。这时就要看运气了，要听哪一个文件取决于我手中的鼠标。我主要选择的是通话时间不长不短、大概在 20 分钟左右的咨询文件。

那一天还是疲惫的周一，我吃力地听着咨询录音。连平时觉得好笑的对话也很难让我集中注意力。疲倦在听到第 10 个通话文件时到来，不知是因为刚吃完午饭回来，还是因为咨询内容完全按照剧本发展，我的困意冲了上来，一个文件反复听了三次。我到公司楼顶吹了一会儿冷风，拍了拍自己的脸蛋，提醒自己：千——万——不——要——加——夜——班。

回到座位上后，我打开了第 11 个文件，内容是一个中年男性因为要搬家向客服要求迁移通信服务地址。在迁移地址这项服务完成后，客服和顾客的对话又继续了几分钟。因为是比较久的事情了，我记得不是非常清楚，对话内容大致如下：

客服：您要迁移通信服务地址的要求已经登记好了。

顾客：（昏睡的声音）好的，知道了……

客服：（觉得就是此时）不过，先生，您为什么不用电视服务呢？您长期使用我们公司的服务，我们可以给您提供优惠……

顾客：（果断地）我不需要。

客服：您只要开通基本服务，就可以看体育频道和电影频道等多个……

顾客：（有些烦躁地）我凌晨刚工作完到家，现在很累。

客服：那，我下午再给您打电话介绍一下吧？

顾客：唉，我现在一个人生活。

客服：什么？

顾客：（压着怒火）我被公司开除了，和老婆孩子分开生活。现在的工作黑白颠倒，没有时间看电视。

这时，我以为通话就要结束了，但是接下来的对话让我一下子没了睡意。

客服：先生，其实我也不看电视。

顾客：（有些突然地）什么？

客服：我之前的工作也不顺利，和本来要结婚的女友分手了，现在一个人生活。我也不看电视。听着人们嘻嘻哈哈的声音，我会觉得只有我一个人是孤独的。越努力地想生活就会感觉越孤独。

顾客：（压低的声音）是，是啊。

客服：（笑）一般周一的时候，我们会说"祝您度过愉快的一周"。我也想对您说"请您加油"，但好像随便这么说对您是一种失礼。说了这些没用的话，对不起。

顾客：啊，没有。

客服：先生，请您加油。希望您以后只有好的事情发生。

顾客：那，那个，你也加油。还有，努力生活确实是会变得孤独。现在想起来，只顾着埋头努力，那是最后悔的。

那天，客服和顾客的对话就这样结束了。顾客说"等以后情况好转，电视服务一定从您这里购买"，客服也高兴地回应"那到时候也还给您最大的优惠"。在一来一往的真心交流中，又只有公司获得了利益，将一位普通客人转化成了忠诚顾客。

努力生活，只顾埋头努力生活，就会变得孤独。在公司有同事一起上班，经济不景气的时候也能继续工作，下班回到家后还有家人，但仍然感到孤独。在需要打起更多精神的周一感到更孤独，因此周一也是最需要勇气的一天吧。划分开工作与生活需要勇气，接受原本的自己需要勇气，自我鼓舞需要勇气，接受"哪怕努力生活却仍然孤独的事实"更需要勇气。

前不久，一部叫作《猎杀星期一》的电影在网站热搜上出现过。这部电影讲述的是7个分别叫作周一、周二、周三、周四、周五、周六和周日的女孩，在周一不见了以后发生的故事。即使我已经看过两遍了，看到热搜时也仍会再次点击，期待着周一是真的消失了。

♥ 今日心得 --

　　电影里的七胞胎，

　　也是周一最孤独。

　　看来一到周一，人们就会感到无可奈何的孤独啊。

6

我也有了
年龄比我小的上司

 我知道会有这样的一天。

　　我曾经预想过，也许有一天我就会和比我小的上司共事。这样的想象成为现实，也就是一瞬间的事。

　　去年冬天，公司的气氛很不好，我所在小组的第四任组长辞职了。第三任组长和第四任组长都没撑过入职后的第三个月，这是公司大幅辞退员工造成的：减少员工数量，却加大在职人员的工作量。从公司的角度来说，公司希望组长既做管理工作又做实务工作，也就是说，公司需要领很少的工资却同时拥有管理才能和实干才能、各方面都很完美的人才。那就让公司等来这样的人吧。我很快就明白，有一天我也可能会被公司开除，因为我无论怎么提高工作效率都没有效果，只是徒增了创造出一个个新词汇来辱骂公司的经验。

第四任组长离职后，组长的位置空了两个多月，我们各自默默地申请了夏休假。这一点很好，不用看领导眼色就能在秋天前休完夏日假期，这还是第一次。

今天去哪里聚餐呢？

夏休假快结束的时候，工作群里出现了一条信息。聚餐？有些奇怪。在组长都没有的当口，同事们也不是那种会自发组织聚餐的性格。到底有什么事呢？

载贤成了我们组的组长，所以决定举行一次闪电聚餐。

我忍不住好奇，给同事发了信息，结果她发来这样的回复。载贤是我从入职开始就一直一起工作的同事。算工龄的话，他是组里第二短的，年龄也比我小3岁，但他却当上了组长，我也迎来了比我年龄小的上司。

曾经一起共事的同事晋升成了领导，这对我的职场生活有什么样的影响呢？这样想着，我的脑海中浮现出一个人，金前辈。

　　遇见金前辈是在我的第二份工作中。那时我在全是女员工的小组里是年纪最小的一个，才 20 多岁，很青涩。虽然不是所有人都那样，但我所在组的前辈们都有些难以亲近。她们大部分都是 30 多岁的厉害姐姐，也不轻易向我敞开心扉。我记得用了很长的时间，她们才和我轻松地说话。金前辈就是组里的一员，她是我们组唯一一位 40 多岁的女性，而且还是一个职场妈妈。她比我大 15 岁，所以我有时觉得她像妈妈，有时觉得她像姐姐。她是我感觉最亲切、温暖的职场上司，也是我在工作中最信赖和依靠的前辈。但是，我也有不相信金前辈的时候。

　　"不，没什么不方便。我没有不舒服。"

　　金前辈总是这样说。这是因为组长是金前辈的后辈。有时候会有一些没眼色的人问金前辈："后辈做上司没有什么不方便的吗？"每当这种时候，金前辈都说没什么不方便，还常常反问："在没有升职欲望的时候，也就没理由守着自尊心吧？"她已经没有升职的欲望了，这本身就是受过伤的证据，我这样想。而且我也曾想象过，如果是我的话，那时会有什么样的感觉。虽然不太可能，但如果我遇到类似的情况，我会怎么回答呢？

"那有什么关系，反正我也没有再往上走的欲望了。"

现在是什么都越来越快的时代。我没想到自己会比金前辈早 10 年迎来比自己小的上司。而且，万万没有想到我也会这样回答。这句话既不是谎言也不是自我安慰，而是真心话。工作久了，真的就会变成那样。不管是出于本意还是被迫的，在公司放弃了晋升的欲望后，位置、竞争、成就都好像和自己没什么关系了。所以，迎来一个比自己小的上司这种事对自己的工作没什么影响，真的非常容易理解。

只不过，随着时间流逝，自己说着和金前辈一样的话，又一次对那时用微妙的表情观察前辈感到非常抱歉。

载贤虽然工作没有几年，但也算组里工作时间最久的员工之一，而且是和总公司员工最亲近的人。所以每次我们组的组长职位空缺，都是由他来协调。有这样的经验，再从公司的立场考虑，他成为组长是最合理的。

我并不觉得比我年纪小的载贤变成领导让我不舒服。

不久前，我曾因为错过下车站而迟到。重新换乘了地铁，在慌慌忙忙跑向公司的路上，我看到了载贤，他正好出来抽烟。如果是以前的话，我会挥手和他打招呼，但现在他是我的上司，于是我避开他，奋力奔跑。这是一种本能，是竭力缩短迟到时间的下属员工的招数。

到了办公室后，我慌忙坐到座位上。打开笔记本电脑，擦干汗水，放下手提包，再擦擦汗，打开企划案，又再次擦汗。不知有多么慌乱无序，笔记本电脑旁边镜子里的我，像被人泼了一把泥水似的，妆全都花了。但是没关系，只要没被上司发现迟到就可以。当我完成所有准备时，组长进来了，他的座位在我身后。

"您来了？"

我问候了他一声，但是我没有回头。我看着笔记本电脑屏幕上映出的他的影子，察言观色。

"是的，早上好。"

他用亲切的语气回答我，然后坐在了座位上。呼，我这才安心地用纸巾擦汗。这时，组长问我：

"不过，有林，刚才在外面为什么跑那么快？有什么急事吗？"

　　我无法回头，粉底和汗水混合成的液体"嗒"地滴在了白色桌子上。

♡ **今日心得** ┄┄┄┄┄┄┄┄┄┄┄┄┄┄┄┄┄┄┄┄┄┄┄┄┄┄┄┄┄┄┄┄┄┄┄┄

　　再说一次，
　　我并不觉得成为上司的载贤让我不舒服，
　　只不过有时要看他的眼色而已。

7
因为讨厌去公司，
所以去医院

 "身体感觉怎么样？今天能去公司吗？"

　　早上睁开眼睛，身体变得轻盈了。昨天晚上经历了高烧、腹痛、头痛，像要死了一般，睡了一觉起来又什么问题都没有了。打开手机一看，已经去上班的老公发来信息问我是否感觉好些了。整个周末，他包揽了所有家务，还给我熬了粥，精诚所至，老天都被感动了。我没有吃药病就都好了，多亏了老公的照顾。饱含着对他的感谢与爱意，我这样回复了他的信息：

　　还不太好，像要死了一样。今天去不了公司了。

我并没说谎。身体虽然好了，但还是垂死的感觉。一想到要去公司就真的像要死了一样难受。而且，今天不正好是周一吗？一想到要拖着刚刚好点儿的身体去上班，我就感到一阵眩晕，有种天要塌了的感觉。

组长，我今天生病了，要请一天病假。
好的，今天好好休息，明天见。

这样的话，不生病不就也可以不去公司了吗？给所有人发了我生病的信息后，我冲了一杯咖啡，托着温热的咖啡杯，我走到阳台。与寂静的家中相比，外面看上去非常热闹。我看见了上学的孩子们、送孩子上学的家长们、上班的人们。所有人都急促地去向什么地方，我看着他们，呼噜噜喝着咖啡。咖啡香味深沉，在我的鼻子和口腔中回荡。真是太久没感受过这种味道了——请假的味道。

喝过咖啡后，我躺在沙发上打开了电视。有线电视台正在重播我周五晚上错过的《我独自生活》，歌手华莎在炸酱方便面中倒入了黑松露油。是什么味道呢？我产生了好奇。这时，我才感到饿。我走到厨房，打开了收纳柜。家里只剩下普通方便面了，但我不想输给华莎。打开冰箱，我拿出大葱、鸡蛋、蘑菇和辣椒，但这些都是常见的配菜，我不太满意。打开冷冻层，发现还有牛肉和鲍鱼。这时我脑海中想出了方便面的名字，皇帝方便面。不，是会长方便面。

会长方便面并不像我想象的那么好吃。不知是不是放了太多牛肉，汤有些腻。最终，我还是没能吃完满满一碗方便面。刚想倒掉剩下的方便面，老公又发来了信息。

你去医院了吗？没去的话我请半天假陪你一起去？
不用，没事。我自己看情况去吧。
冰箱里还有剩下的鲍鱼粥，你今天一定要吃掉啊。

医院的费用是用平时生活的那张卡来付的，如果到下班为止他都没有收到医院的收费短信，一定会一直担心我的。我想了想，也许还得给公司提交一份医院诊断书。

不管怎么说，还是得去一趟医院。

我去了家门口的内科诊所，勉勉强强在中午之前走进了诊所的门。因为离家很近，所以我经常去这家诊所，但每次都因为医生说"不要有太大的压力"而泄气。

"哪里不舒服？"

"我周五晚上积食了，然后就吐了，发烧、头痛，感觉像过度劳累似的。"

"从周五晚上到现在都是相同的症状吗？"

我原本想回答"如果那样的话，我一个人就来不了医院了"，但还是回答："现在肚子里还咕噜噜响，皮肤上还有凸起的炎症。"

"像是带状疱疹。"

我给医生展示了背上还留着的红疹，结果他这样回答。竟然是带状疱疹！

在回家的路上，老公打来了电话。看来医院和药店结款的信息发送到他手机上了。

"医生怎么说？"

"出大事了，医生说我得了带状疱疹。"

我像被宣告得了绝症的人一样，用苦涩的语气回答他。老公被吓了一跳，说要早点儿下班，我拦住了他，说我没关系。

原本我打算在从医院回来的路上去咖啡店喝一杯美式咖啡，吃一块芝士蛋糕，但我从医院出来的一瞬间感到头晕眼花，就直接回家了。我换了衣服，看着自己镜子里的背部，我像一个坏了的机器人一样，扭着头死死盯着红色的疹子。然后，一阵眩晕涌上了头。

我又躺在了沙发上，这次没有打开电视。我用手机搜索"带状疱疹"，读着症状和治疗方法的文章，被文章中的"72小时"这样的字眼吸引了。文章里说要在72小时之内得到治疗，效果才比较好。我算了算时间，还好在72小时内去了医院。我松了一口气，随后陷入了睡眠。

哔哔哔哔哔哔。是玄关门打开的声音，老公回来了。我看了看钟表，已经过了6点。我竟然睡了4个小时。

"你怎么样？"

老公一脸担忧地问我。我仿佛是这世界上最不幸的人，委屈地摇着头。看到忧心忡忡的他，我的心里更难受了。老公马上就会去给我做晚饭，我会乖乖吃完晚饭，吃药，然后睡觉。好悲伤，眼睛睁开周二又来了，又要去上班了。沉浸在伤心中，我又产生了下面的想法。

❤ 今日心得 ⋯⋯⋯⋯⋯⋯⋯⋯⋯⋯⋯⋯⋯⋯⋯⋯⋯⋯⋯⋯⋯⋯⋯⋯⋯⋯

明天还生病就好了。

带状疱疹啊，拜托你了……

8
原本工资就是
被骂的价格

 "我还是第一次见这样的公司。"

　　我产生了一种错觉，明明是不同的两个人、不同的场所、不同的时间，但两个人说的话连语气都一模一样。一瞬间，我怀疑这两个人是不是原本就是同一个人。

　　他们是参与公司项目的作家。我与这两位已经有 10 年资历的自由撰稿人分别工作过一个月，然后又一起工作了两个月。社会上一直有一种"写作的人很挑剔"的偏见，其实自由撰稿人大部分都很活泼开朗。这是因为，要想独立工作，自己就要成为一个品牌。虽然实力是最重要的，但气质、语气、举止等，所有的一切都是经过精心打造的。他们脱离集体生活之后，并不是只有痛快，而是每天都在以面试的心情工作。我是怎么知道的呢？我的自由职业生涯就是这样的，最初几年里我都没有找到合适的定位。

我这样细碎叙述，是为了说明从这些自由职业者嘴中不会平白无故冒出对公司的不满。他们选择"不在背后嚼舌根，而是当面说"的意思是——你看看我还会不会继续和你们合作。看着他们下定决心说出这句话，我唯一能给出的回答就是：

"这里原本就是这样的。"

不知道从什么时候开始，"原本"这个词开始在公司里被频繁使用。原本就这样，原本就那样，原本就是这么做的。仿佛每个人从一开始就都是为了说出这句"原本"而入职似的。我明白，"原本"意味着"最初"和"根本"。我并不清楚公司建立之初的初心，但我还记得入职那天的氛围和那时的人。非要这么说的话，这也不是一句错话，可对这些自由职业者来说，我说的"原本"既无礼又无知，还非常没有意义。但我的嘴并没有停，甚至还当作安慰似的说了这样的话：

"从最开始就是这样，所以你们就按要求做吧。"

其实我清楚两位作家的尖锐抗议来自何处。都是因为"孙部长"。他自己是客户的时候，会提出荒诞的要求；作为甲方的时候，不知道什么该说什么不该说；作为部长，有着凭自己心情随意贬低别人的嗜好。不仅对自己的下属，连临时工和自由职业者他都觉得在自己之下，行事毫不收敛。有人说，他是为了先发制人才那样做的，但对我来说，孙部长看起来像是从出生开始就这么做事的人。

巧合的是，两位作家都在和孙部长开完会后，向我询问公司想要的到底是什么。孙部长完全无视我不分白天黑夜准备的企划案，而是说"这个读起来太费事了，你直接说吧"，而当我想开口讲解的时候，他又说："算了，我替你总结一下（中间省略）。看吧？这么简单，不是吗？就这么做吧。"说完他就自顾自走了。这是我已经非常熟悉的样子，因为他原本就是那样的人。

"工资原本就是被骂的价格，你知道吧？"

这是与两位作家合作的项目结束的那一天，孙部长对我说的话，而且是在电梯里。听到他又让我重新做他连看都不看的企划案时，我的脸上露出了不快的表情。

那时，他看着我的表情说了这句话。竟然说工资是被骂的价格，我差点就因为他惊人的理论而朝他竖中指了。

我看着先走出电梯的孙部长的后脑勺，心里涌上了很多好奇。真的"原本"就是这样吗？难道我们应该接受并理解所有的"原本"吗？但人们所说的"原本"和我一路成长并累积的"原本"并不相同，我应该更相信哪一个"原本"呢？其实我在很久之前工作过的一个公司里，曾向前辈说过和两位作家类似的话。

"这样的公司还真是第一次见。"

这是对公司和上司失望的弱小新员工能表达的极限了。听到这句话的前辈给了我这样的忠告：

"小不点儿啊，这里是资本主义国家，钱可以买来一切。公司也是一样的，公司用钱购买了你工作日早上9点到下午6点的8个小时，购买了你的劳动力和思考的使用权。你签了合同就代表同意，如果因为伤心或不爽而无法集中精力工作，那就是你自己的不对。所以来上班之前把你的情绪放在家里，那样对你更好。"

即使被骂也要接受的"被骂的价格"，和把人像物品一样使用的权利，这就是工资的含义。两个人的理论非常相似。也许他们也从他们的前辈和上司那里听来了差不多的故事，因为"原本就是这样"的很多主张都是口口相传的。实际发生了什么并不重要，某人的想法和说过的话会落地生根，一直延续到现在。

遗憾的是，如果工资是这样的东西，那我们的未来就完了。无论多么努力，人类都没有像人工智能那样毫无感情地接受辱骂的胸怀，也没有不会疲惫、可以一直被消耗的体力。而且，"原本就是这样"已经渐渐没用了。

不管怎么说，对于认为工资就是被骂的价格的孙部长，我永远想回敬他等价的脏话。如果他很震惊的话，我还会加上这样的话——

❤ 今日心得 ┄┄┄┄┄┄┄┄┄┄┄┄┄┄┄┄┄┄┄┄┄┄┄┄

> "您都当上部长了，还不能承受被骂吗？
> 每月领那么多'被骂'的工资，
> 还以为只有自己可以骂人，从没想过会被别人骂吗？"

9

我们不是玩具

 本章包含童话中残忍且令人难以接受的内容。如果不想破坏童年的回忆，请跳过下面第一段内容。

你知道《白雪公主》中，帅气的王子与公主接吻，并最终结婚的另一种解释，并不是因为相爱，而是王子为了掩盖自己会对尸体产生性欲，有恋尸癖这个事实吗？《土豆女与红豆女传》①中红豆女杀死土豆女后和县令结婚，结果被县令发现真相，红豆女的四肢被撕下做成肉干，而毫不知情的红豆女的妈妈吃下了肉干，你知道这个童话的结尾如此残忍吗？小时候读过的美丽童话，长大成人后再去看时，会发现很多令人难以接受的东西。我们

---

①《土豆女与红豆女传》是韩国经典童话故事，讲述了一个韩国版灰姑娘的故事。

将这样的童话称为"残酷童话"。

不久前，我看了《玩具总动员4》。第一次看皮克斯这个系列的动画片还是在上中学的时候。已经过去了20多年，每当人们快要忘记的时候，皮克斯就会推出一部新的动画电影，每部我都会去看。因为我很关心和我一起长大的玩具过得好不好。

时间让记忆变得模糊，为了看时隔9年上映的第四部《玩具总动员》，我又把前几部重新看了一遍。然后惊讶地发现，这系列电影的前几部都非常像"残酷童话"。

《玩具总动员》从第一到第三部讲的虽然是不同时期的故事，但故事的主线是一样的，三部都是主人公玩具胡迪为了不被主人安迪抛弃，而努力奋战。第一部是新玩具巴斯光年登场和处在被抛弃危机中的胡迪及其他玩具的故事；第二部是胳膊受伤的胡迪担心被安迪抛弃的故事；第三部是让观众担忧的已经成年的安迪会不会把胡迪和其他玩具扔掉的故事。我每次都支持胡迪和其他玩具，心想，千万不要出什么事，一定要安全到家啊，看看安迪仍然那么珍惜你们！

但等到我长大后，再一次看《玩具总动员》的时候，我再也不会为胡迪和其他玩具加油，也不会担心他们了。因为我觉得他们其实过着和我一样的生活。

我和胡迪一样，一直生活在篱笆里面。我出生在叫作家庭的篱笆内，然后在学校这个篱笆里学习，接着在公司这个篱笆里挣钱。虽然我有做自由职业的经历，但却没法完全独立，最终只能受父母接济，算是一辈子都没有脱离篱笆。我以为自己一直独立地活到了现在，但看着胡迪和他的朋友们，我对自己的人生产生了怀疑。

许多上班族在公司这个篱笆内一边表达着不满，一边却害怕离开公司。公司内是战场，而公司外是地狱，这句话并不是凭空而来的。我们的生活和《玩具总动员》里的胡迪及其他玩具们一样。

我们通过竞争进入公司，接着又会因为不停出现的竞争者而紧张、伤神。工作年限越久的员工越怕被挤下来，所以常常努力展现自己的存在感。但即使这样努力又努力，还是会迎来不得不离开公司的时候。在离开公司这个篱笆的时候，很多上班族会认为自己是"毫无用处的东西"，因为自己老旧或某个部件坏了，才被主人抛弃，就像玩具一样。

更残忍的是，至少安迪还保留着对玩具们的爱和回忆，但公司对我们可没有任何感情，也毫不关心越来越长的人类寿命与员工不断缩短的经济寿命之间存在的矛盾。啊，有一点他们还是在意的，他们会让我们意识到公司之外是多么不稳定、多么恐怖。通过这个办法，他们激励着那些更加努力的员工。只有这个作用而已。

《玩具总动员4》不一样。它不是玩具担忧再次被抛弃的故事。第四部中胡迪虽然还保持着作为玩具不会老去的面孔，但他的行为却像老练而有底蕴的老人。他不再在不想要他的主人前努力表现，也不会再回到不想要自己的主人身边了。他不再焦虑不安，他终于过上了自己的人生，这是一个幸福的结局。这部电影让我沉重的人生变得轻松，像挤干水的海绵一样。

回到公司这个篱笆里是我自己的选择。那么，我是不是也可以选择让我的生活不要变成"残酷童话"，而是一个"美好童话"呢？虽然不是明天就能做好选择、改变一切，但那个时候到来时，我希望自己不要失去价值，就像胡迪一样。

❤ 今日心得 ┈┈┈┈┈┈┈┈┈┈┈┈┈┈┈┈┈┈┈┈┈┈┈┈┈┈┈┈┈┈┈┈

> 不过，明天是周一。
> 总之先去上班，
> 去往残酷的童话中。

第二部分

昂首挺胸
去辞职

1

辞职后1年零8个月里
4个阶段的心理变化

 40多年前的传奇拳击手说的话，让我下决心辞职。

1974年，穆罕默德·阿里在与乔治·福尔曼的历史性拳击比赛前，曾说过这样的话：

> 我曾跟鳄鱼摔跤，与鲸鱼搏斗，给闪电戴上手铐，把雷电关进监狱。上周才打死石头，重伤岩石，把砖头送进了急诊室。我的拳头让药都要生病。

40多年后，我反复琢磨传奇拳击手的这段话。思考间我得出了这样的结论：我虽未与鳄鱼、鲸鱼、闪电搏斗，但也拥有让石头、岩石、砖头受伤的拳头。然后，我突然辞职了。

这不是我第一次辞职，但是我 30 岁前的最后一次辞职。接下来我要讲述的是不再上班的 1 年零 8 个月的记录，和不同阶段的心理变化。

1. 确信阶段

失业补贴。这是我辞职后才知道的词。如果提前知道了，我会怎么样呢？回想那时的情况，我可能会觉得这是和我无关的政策，而且那会儿我已经购买好单程机票了，我只想着能尽快离开韩国。我确信，我非常不适合职场，不适合韩国。我才 29 岁，却已经患上了面部麻痹症。虽然患病的时间很短，只有一侧的面部麻痹，但脖子很难转动，还是让我陷入了恐慌。我不想以这样的状态进入 30 岁，我决定辞职后去旅行 10 个月。那时我并没有什么不安，我相信无论如何自己都能活下去。

真正让我感到凄凉的，是在旧金山迎来自己的 30 岁。我刚到达最后一个旅行地旧金山，那里就开始下雨。我打算填饱肚子，去唐人街吃点东西时，却差点被偷。

原本我以为在国外挺过 10 个月，就会获得在韩国挺过 10 年的能量。但越临近回韩国的日子，我这种自信就变得越少。

2. 怀疑阶段

旅行回来后，经过慎重考虑，我向几家公司投了简历。但没有任何一家公司联系我。然后，我又向一些觉得还可以的公司投简历，结果也没有公司联系我。在自我妥协之后，我向所有我符合条件的社招岗位都投去了简历，但仍然没有任何消息。在去旅行前，至少投五家公司还会有三家给我回复。我的直觉告诉我哪里出了问题。我先去了手机维修店，想着是不是陪我在海外跋山涉水的手机想休息了，拒绝接受所有重要的信息。但经过精密的检查，手机没有任何异常。

我产生了怀疑，我为什么会觉得和砖头碰撞，疼的是砖头，而不是我自己呢？去旅行之前，我的身体千疮百孔，和砖头碰撞的话，昏倒的肯定是我。我看着镜子，我与穆罕默德·阿里的共同点除了黑黝黝的皮肤，再无其他。

最终，唤醒我战斗力的，不再是传奇体育明星的话，而是比《女高怪谈》更让我感到恐惧的银行卡余额。

3. 受挫阶段

我没有钱了。在回韩国的飞机上，我下定决心不再做曾让我不愉快的兼职工作。结果呢，最终我还是不得不应聘成为一名兼职员工。至少还有接纳我的地方，我应该感恩戴德地去上班。

三个月后，我兼职工作的公司理事询问我愿不愿意转为正式员工，我拒绝了。我并不是因为赚了一点钱，就忘记钱有多么重要了。而是因为在短短的这段时间里，公司事务和同事们让我的免疫力崩溃，我便血的状况很严重。

每天晚上，我都因为压力和抑郁症哭到无法入睡。和这种痛苦相比，之前提到的面部麻痹和颈部无法转动根本不值一提。一个是只有身体痛苦，一个是身体与心灵同时痛苦，它们根本不是一个级别。

我以为自己到了 30 岁一切都会好起来，以为到了

30 岁就会变得坚定，以为到了 30 岁就会少做很多后悔的事。但我的 30 岁与想象中的不同，我非常虚弱，且容易破碎。

4. 否定阶段

大概在同一个时期，我也知道了以拳头闻名的拳击手迈克·泰森的名言：

谁都有看上去完美的计划，在被一拳打倒之前。

如果在辞职之前我知道了这句话，会怎么样呢？如果知道的话，至少我会领完失业补助金后再拟定休息计划，我会进行一场符合我存款状况的旅行。在被一拳打倒之前，制订一个更加完美的计划。

但至少这从早忙到晚的三个月，我有了可以撑过一段时间的钱。因为身体不太好，我继续寻找可以兼职的工作。后来，我感到不安。并不丰厚的收入，再加上不能按时支付报酬的公司们，我陷入了越工作反而越贫穷的奇怪境况。我到底该怎么办？我觉得自己又一次迷路了。

不知道你是否听说过越贫穷越愚蠢这句话，根据哈佛大学的一项研究，人在贫穷又绝望的瞬间，智商会下降 13% 左右，和熬了一整夜或宿醉时的精神状态相似。因此，当人处在这种窘迫的状况时，做出让自己更绝望的愚蠢选择的概率更大。我真的就是如此。

因为钱，我重新选择了上班这条路。和之前的公司相比，这里的工作强度和同事之间的关系都好很多。但我的工资也比之前少了很多。

我渐渐开始否定自己。否定自己的选择，否定自己的境遇，否定自己的能力。

❤ 今日心得 ┈┈┈┈┈┈┈┈┈┈┈┈┈┈┈┈┈┈┈┈┈┈┈┈┈┈┈

如今，我还常常回想 5 年前没有正式工作的那 1 年零 8 个月。

想着想着，总是会笑出来。

但如果有人问我："所有的经历都有它的价

值吧?"

我会回答:"在被一拳打倒之前,谁都会怀着完全不必要的好奇心。"

2

辞职后我才知道，
钱真的不是虚幻的

 同期上涨 26.8%，这并不是在说股价，而是 2019 年第一季度蜂蜜芝麻条价格的上涨幅度。

在 1990 年代初期，蜂蜜芝麻条的价格是 500 韩元。对当时还是小学生的我来说，这个无比香甜的零食并不吸引我。但我曾无数次为了购买蜂蜜芝麻条而冲向超市，因为爸爸把蜂蜜芝麻条当作爆米花的替代品。每当租赁DVD 店有新电影上架，爸爸一定要第一个租到最新电影才高兴。在电影播放之前，要准备的就是在果盘里摆好蜂蜜芝麻条。

家里并不总有这么重要的蜂蜜芝麻条。家里没有蜂蜜芝麻条的时候，需要有人快跑出去买回来，这个人就是家里最小的我，我跑腿的次数最多。虽然有些不公平，但我也没觉得不舒服，因为那时爸爸总会给我 1000 韩元。我们都默认用 500 韩元买蜂蜜芝麻条，剩下的 500 韩元买自己想要的东西。这既是使唤我跑腿的价格，也是跑腿的服务费。

现在想想，爸爸让我跑腿也可能是对女儿的一种经济教育。他也许想让我明白，钱需要劳动才能获得，没有钱就没办法买蜂蜜芝麻条。遗憾的是，即使爸爸这么费心地教育我，我的经济观念也是在辞职变得一穷二白后才有的。

钱对我来说是很虚幻的，从生活中听到的故事里，我感觉到钱是无法预测的纸。原本纸币是过去金银交换的凭证。曾经也有过聪明的银行利用这个凭证盈利，他们把凭证借给人们，收取利息，这样就需要印比银行实际保管的金子多很多的凭证。后来，世界强国美国因为贸易赤字经济困难，信任美国而用金子换取的凭证变成了可以无限印制的纸币。这时纸币就不再是可以交换金子的凭证了，纸币的价值也随着市场变化而变化。无论我拥有多少财产，如果货币价值下降的话，钱就真的不过是一张纸了。如今 500 韩元再也买不到蜂蜜芝麻条和这些不无关系。

　　我并不是一开始就觉得钱是虚幻的。刚开始工作的时候，我也曾非常努力地攒钱，渐渐变多的存款让我感到安心。那时候我做两份工作，平时去公司上班，周末做课外家教。我倒没有计划这么拼命地生活，只是很难割舍一直在做的家教工作而已。

　　那时我还是个新人记者。一般周末也需要出门采访，但即使那样也还坚持着做家教，这样显然没有娱乐的时间了。朋友开始工作后，经常买漂亮的衣服、去好玩的地方、吃各种美食，但我却没有空闲的时间。不过这种小小的遗憾，在渐渐变多的存款带来的满足感前不值一提。那时我的年薪是 2400 万韩元，仅仅上了 6 个月班，我就已经存了 1000 万韩元了，这还是在把工作前欠的债都还完的情况下。

　　就这样，在快要到八月的某一天，我晕倒了。我还不至于过劳死，只是喝了一杯米酒后失去了意识。我本来就不太能喝酒，但也不至于喝一杯米酒就晕倒。此外，还有不少身体发出的异常信号。周五晚上没有什么事情，一般看着电影或电视剧就睡着了。但不知从什么时候开始，第二天早上很难睁开眼睛。还有些时候，周五晚上10点睡着，一直到周六晚上10点才醒来。如果身体感到轻松还好，但身体像浸了水的呢子大衣一样沉重。在那之后，生理期也开始不规律，有时候一个月两次，有时候两个月一次。

我去医院做了体检，查出甲状腺结节、慢性胃炎、腰椎间盘突出等问题，努力工作的身体问题重重。

就是从那个时候开始，我结束了家教的工作，一有假期就去旅行。周五晚上和朋友们去很贵但拍照很好看的餐厅吃晚饭，周末去名字很难读的艺术家展览会参观。我还常常去购物，买回来的东西大部分都是设计难以理解、穿戴起来不方便的衣服和首饰。所谓的 YOLO①变形成消费了。

我还从家里搬了出来，在公司附近租了房子，是一间关上窗户，屋里马上就会变得漆黑的路边公寓。白色的化妆台，白色的床，更加白的沙发，我把这些家具放进了房间里，最后是一只红酒装饰柜。我常常在晚上加

①"YOLO"是 You Only Live Once 的缩写，鼓励人们及时行乐、享受生活。

班后，喝一杯红酒看着窗外，即使只能听到匆忙的汽车在八车道宽的大路上呼啸的声音。我的生活看上去也很不错。

我 YOLO 生活的终结是在辞职旅行之后。作为仅用 8 个月就还完所有贷款，还存下 1000 万韩元的勤劳新职场人，我把所有的积蓄都花在了旅行上。结束旅行回到韩国时，我连买一杯咖啡的钱都没有。钱就像被春光消融的雪一样，消失得无声无息，不见踪迹。等我回过神来的时候，一切都不同了。

过了 30 岁还成了一个身无分文的人，这是一个很严重的问题。而就在这个时候，爸爸的事业也遇到了困难，哥哥也和爸爸在一起工作。爸爸的收入是我们家主要的经济来源，这时我们一起变成了无业游民，情况很糟糕。

"你还有钱吗？"

从没向我开口提过钱的爸爸这样问我，那时我刚打起精神，重新开始做兼职。他用信用卡支付生活费，但还不上了。从来只有借钱给别人，从没向别人借过钱的爸爸，此时向明知道经济情况也不太好的女儿伸手，该是难到什么程度了。那时我突然想起了蜂蜜芝麻条。在向我借钱前不久，爸爸和我去了一趟超市，我们路过零食区，看到了蜂蜜芝麻条。爸爸在那前面站了一会儿，但最后还是走开了。

那时我才明白钱好珍贵。觉得白色沙发比我的身体更贵重，所以都不敢坐；为了把不知道什么时候才用得上的东西运回韩国，支付了飞机托运费；为了适应时差，用存折里剩下的钱买了美式咖啡。这段时间里的每一笔消费都变成了沉重的损失。

荷兰有这样一段俗语：

> 钱可以买到房子，但买不到家庭。
>
> 钱可以买到床，但买不到睡眠。
>
> 钱可以买到时钟，但买不到时间。
>
> 钱可以买到书，但买不到知识。
>
> 钱可以买到药，但买不到健康。

猛地看上去，钱与幸福并没有什么关系。我把句子换了一下：

有房子，家庭才能更安定。

有床，睡眠质量才更高。

有时钟，才能更有效地利用时间。

有书，才能获得更多的知识。

有药，身体才能恢复健康。

钱并不会带来幸福，但有钱会降低不幸的概率。这是我在消费中感到后悔的原因，也因为我察觉到了没有钱可能会让人生变得不幸。

我寻找收入与消费之间的平衡，并不是想要变成百万富翁。但是，哪怕涨幅不是26.8%，而是268%，我也希望能给爸爸买蜂蜜芝麻条。即使客厅里没有比我的身体更加需要小心翼翼呵护的昂贵白色沙发，我也想生活在一间没有贷款的房子里，偶尔也想进行不用考虑性价比的消费，不想变得柔弱到因为小小的失败就觉得整个世界坍塌。最重要的是，不想以看着沙漏的心情，苦恼自己要上班到何时。

现在我明白了，

即使把"从公司得到的压力"

通过"从公司获得的工资"进行消费释放出去，

我的痛苦也无法消解。

3
恋爱倦怠期与职场倦怠期的
7个共同点

 **有人说过这样一句话，如果一直心动的话，
要考虑是不是得了心脏病。**

如果总是感觉火热，那是因为你是阳性体质，心动总有停止的时候。火热变成温暾，最后会冷却，感情就像每天都会看到的自己的脸一样，一直在慢慢变化。因此，曾以为对恋人会一直心动，以为只要聘用我，我就会成为公司的一把柴火，为公司燃烧，这些想法总有一天会慢慢冷却、停止。我们将这种状态称为"倦怠期"。

恋爱与上班，这两种最私密又极度公开的生活，它们的倦怠期症状却意外地相似。

1. 话变少了

对恋人和公司的关注减少之后，我们的视野就会变得宽阔。是的，在我们有珍贵的恋人之前，在我们成为上班族之前，我们也有一直珍视的东西。当热恋与职场生活的适应期像风暴般过去之后，我们会看到被云遮住的珍贵东西，然后就会把心思投入这些事物里。但是这样的心思被恋人或公司发现的话不是很好，因为会让他们误会我们变心了。所以与对方之间的话就会变少，联络频率会降低，回复也变短了。好的，是，嗯，嗯嗯，哈哈。

2. 显露缺点

终于，在"看起来很好的东西"旁边，"看起来不太好的东西"也显露出来了。对方出现的缺点开始渐渐多过优点，最终连之前觉得不错的地方也开始不满意了。甚至在这个阶段，会觉得其他异性或其他公司更好。

3. 劲头消失

走在去约会的路上和上班的路上，腿像绑了沙袋一样沉重。可是，走在约会后回家的路上和下班回家的路上，身体像飘在空中一般轻松而愉快。而且，约会时想做的事情也没有了，简单的工作也做得很慢。

4. 觉得可惜

觉得花钱和浪费时间很可惜。恋人之间约会的次数减少了，约会的场所也变成家里或者离家不远的地方。如果是自己单独住，在家里约会可以节省电影票钱、餐费、住宿费，是个合理的选择。在职场上比起钱，大家更在意时间，我们不想把自己珍贵的时间浪费在公司里。虽然工作的速度变慢了，但下班的时间却变早了。如果部门临时决定要聚餐，恨不得连聚餐也提出申请当作加班。

5. 开始比较

开始把认识的异性与自己的恋人进行比较，把了解的公司与我的公司进行比较。在进行比较的瞬间，"我的恋人"和"我的公司"就已经处在了不利的位置。人们对已经经历过的东西与还未经历过的东西的期待本就不同。肯定有比现在的恋人更好的人，有比现在的公司更不错的公司，但是，"更好的东西"是没有尽头的。

我们常常比较"我的东西"和"别人的东西"，但却很少比较昨天的自己和今天的自己。

6. 秘密增多

话变少了，秘密当然就变多了。不想吐露的东西增多，想要隐藏的东西也就增多了。我们很难说出口，曾经一天不见面就无法忍受的那种激情已经冷却，也不想被人发现在上班时间查看其他公司的招聘信息。并不是现在就要分手，也不是马上就要辞职，只是秘密一点一点堆积起来了。

7. 谎言增多

特朗普在就任美国总统的 928 天里，一共说过 12 019 次谎话。是因为政治人物不得不说谎吗？很难说。根据美国加利福尼亚大学研究小组的研究结果，人一天要说大概 200 次谎话。如果换算一下时间的话，相当于每 8 分钟就要说一次谎。当我们的恋爱和职场生活还处于火热的时候，"这种感觉是第一次""我会为公司鞠躬尽瘁"等宣言都是谎话。但到了倦怠期，回避型谎言增多了。"我最近冷淡了""我最近正在准备辞职"，不想直接说出这样的话，于是说了很多不是真心的话，也就是回避型谎言。

❤ 今日心得 ···

不管是重新相爱或选择分手，

重新努力工作或选择辞职，

倦怠期是对曾经选择过的事情再次做选择的时期。

4

冲动辞职后，

是无比现实的明天

修改，修改，修改，修改，修改。

　　最近，因为总公司新来的负责人智顺，我连好朋友"秀晶①"都有些讨厌了。并不是说我和之前的负责人锡贤配合得多么默契，只不过锡贤和我有一个共同点，我们都受不了太肉麻的东西。我们俩都偏好传达简单而有明确信息的企划案和稿子，很少发生意见冲突。我并不想沉浸在过去，但现在每次面对智顺的充沛感情，我总会想念锡贤。昨天，我制作好以"青春"为主题的视频字幕后，发送给了智顺。

———————

① 秀晶在韩语中与"修改"同音。

青春本该闪耀夺目，但今天的青春却充满不安。

　　这是一个短短 5 秒的画面里要加入的句子。但是智顺却要求我发挥能力，将这句话修改为长到像三句话的两句话。

　　在连呼吸都要付钱的城市里，我的路在何方？有人说青春是最好的、耀眼夺目的，但为什么今天满身疮痍的我却总是充满不安、越来越渺小？

　　我的眼睛应该看这句话的哪个部分呢？要把这么长又煽情的话加进 5 秒的视频里，应该怎么修改这句话呢？还不如都删掉更容易一些。就这样，智顺写的句子让我充满不安、越来越渺小。

　　写文案这种工作，当写作风格与项目负责人或甲方的喜好不一样时是最困扰的。修改再修改，反复修改。在不停地修改中，我的心比企划案更容易被揉搓，有时甚至会想说出践踏对方心情的话，然后不管不顾辞职走人。仔细想想，我确实有一个和现在相似的辞职记忆。

我曾短暂地在一个中坚企业工作，担任线上宣传负责人。从上班第一天开始，我就察觉出办公室的气氛和直属上司不一般。宋科长是我的上司，却没有告诉我业务交接情况和业务内容，对我提出的了解前一任同事工作内容的要求也置之不理。他只是按照招聘信息上写的要求告知我的工作内容：编排要发布到博客、推特、脸书、网络杂志上的内容，并进行运营维护。

为了了解我需要做的工作，我在已经离职的同事的笔记本电脑里进行搜索，并向坐在邻座、做着完全不同工作的同事询问细节。然后我知道了在每月月会上，要制订一个当月计划发布的内容日程表。所以我先按照笔记本里留下的日程表完成了博客里的文章，还写了新的企划案。就这样，在我上班的第四天，宋科长说有话对我说，把我叫到了天台上。

"原本我可是对有林你期待很高啊，现在很失望。"

"为什么呢？"

"没有变化嘛。博客没变，其他平台也没变。"

不管我问什么，他都回答"自己看着办""连这个都要我告诉你吗？""你不是说之前做过这样的事情吗？"。他之前总是先批评我，而此时，他的嘴里却说出了"失望"这样的词。原本以为他只是有些刻薄，没想到还有急躁症。现在想想，其实这也不算什么，只是"欺生"而已，但我那个时候非常不愉快。

　　"啊，是吗？如果您这样想的话，那我不干了。"

　　我本来并没打算说出这样的话，只是想表达自己心情很不好。但我当时用充满恨意的眼神盯着宋科长，说出了要辞职的话。宋科长一开始也觉得很无语，不知是不是被我眼睛一眨不眨盯着他的表情吓到了，他败下阵来。我回到办公室后，旁边的同事问我："宋科长没对你瞎说什么吧？因为他辞职的人可不止一两个。"也因此，我知道了前任同事没有进行任何交接就急着离职的原因。

　　在上家公司，因为上司吃尽苦头的我，这次一点也没犹豫。从楼顶下来的宋科长用软化的语气和我说再聊一下，但我直接无视了他，并告知组长我要辞职的决定。组长可能也心有不满，白了宋科长一眼。那一瞬间，宋科长像只迷路的小狗一样无助，我感到一阵痛快。但是，冲动辞职带来的痛快也就到此为止了。

我不顾组长和同事们的挽留，只上了 4 天班就辞职了。本来工作就已经很辛苦了，如果周围的人也让人感到辛苦，那样的职场简直糟糕透顶。万幸的是，我刚入社会就经历了那样的职场，而且是在刚开始找工作没多久就入职的情况下，再次准备求职也没什么大问题。然而，我还是在拿着纸箱坐上回家的公交车时，心头涌上一阵复杂的感觉。

我坐在公交车最后一排，想起了电影《毕业生》里的最后一个场景。男主人公本恩冲到要与别人结婚的女主人公伊莱恩的婚礼上，这是他人生第一次做出这么冲动的举动。本恩和伊莱恩冲破婚礼礼堂的十字架门，跑上了公交车。他们坐在公交车最后一排，露出放松的表情看着彼此，电影就这样结束了。但仔细再看，对视后朝前看的主人公的表情却渐渐变得沉重，而且公交车上的其他老年乘客也面无表情地看着他们。我开始担忧电影结束后迎接他们的现实将不再浪漫。

如今的时代，人们很轻易就会辞职。

但越是如此，在决定辞职时就越要慎重。对没有任何遮风避雨处的青春来说，冲动的辞职反而是一种毒药。如果说公司里是地狱，那公司外面就是燃烧着熊熊大火的炼狱。因此，我们需要的是有规划的辞职，而不是冲动的辞职。提前找好要跳槽的公司，或者制订好计划，体验更适合自己性格的事情，也可以用离职金有计划地休息几个月、恢复健康等，总之辞职前要有明确的目标。

我说着这些老生常谈的话，并不是因为冲动辞职后的两个月里，我必须向父母借生活费；也不是因为要见朋友时没有钱，只能偷偷从爸爸钱包里拿了1万韩元；更不是因为，为了这件事爸爸第一次发了非常大的火；也不是因为两个月里有无数待支付的账单、要交的养老保险、待还的信用卡债务而感到痛苦。

只不过，在面对如此令人不安的现实前，应该制订好方案再做决定。

爸爸因为我偷偷拿钱而勃然大怒，

他让我把借的钱按照利息结算后还给他。

重新找到工作后的一段时间里，我甚至担心爸

爸会在我的房间里贴红纸条①，整天战战兢兢。

---

① 韩国贴在查封、抵押物品上的封条，是一种红色的小纸条。

5
采访计划缜密的
辞职者

 "我是为了玩才辞职的。"

　　我把贤镇前辈的信息看了又看。只看信息感觉他是个不靠谱的人，怎么 40 多岁的人还为了玩而辞职呢？而且他们夫妻还同时辞职。我打电话给前辈，问他到底发生了什么事。大家都以为前辈买彩票中了大奖或者通过股票、虚拟货币大赚了一笔，我缠着他一定要告诉我真相。结果前辈笑着说："也算是按照计划辞职的吧。"这句话到底是什么意思？我怀着好奇心，向前辈进行了采访。

　　Q：为什么辞职？

A：不是说了嘛，因为想玩。

Q：周末、假期也可以玩啊。

A：休息日什么都很贵。机票贵，住宿也贵。最不好的是，支付了高昂的费用却只能玩一两天，既心疼钱又充满遗憾。所以我 5 年前就计划辞职了，原本的目标是 2018 年年底辞职，结果稍微推迟了一些，为了把贷款都还完。

Q：贷款？前辈你不是已经还完结婚时买的公寓的贷款了吗？

A：我又买了两套房子。

Q：果然是中彩票了吧。你说实话，肯定是赚大钱了吧？

A：说什么彩票呢。买两套房子也不是什么了不起的事，我们只是买了京畿道的两套小房子而已，而且还是两套老旧的联排公寓。两套房子加在一起也只要 1 亿多韩元。

Q：你学习了不动产投资吗？

A：我们把结婚时买的公寓以月租的形式租出去，我和妻子以年租的形式住在一套小公寓里。这样计算了一下，如果再多收一些月租的话，辞职以后我们可以玩两年左右。所以我和妻子开始每个周末跑到京畿道附近看房子，一共买了两套。然后又工作了几年，把房子的贷款都还清了。现在我们没有贷款，每个月从三套房子里收到200万韩元左右的租金。

Q：真的很厉害！

A：但可能也因为我俩是没有孩子的双职工夫妇，才能做到这样。如果有孩子的话，很难制订这样的计划。而且我和妻子并不执着于一定要住在首尔的公寓里。住在10亿韩元的公寓里就会幸福吗？我不太清楚，但可以确定，我住在租来的2亿韩元的公寓里也并不觉得不幸福。

Q：不过，前辈，现在你住在哪里呢？每套房子都租出去了啊。

A：我们用首尔公寓的租金还了部分贷款，结束了在首尔的生活。现在在群山市以全租①的形式租了一个公寓，生活在那里。

Q：群山市？为什么搬去那里呢？而且，哪怕是地方城市，全租的成本也不低吧。

A：在辞职之前，我们几乎把地方城市都转了一圈。我很喜欢群山，周围有很多可以旅行的地方，最重要的是，全租的价格非常吸引人。

Q：多少钱啊？

A：只要700万韩元！而且更棒的是，这套房子比当时在首尔驿三洞的公寓更宽敞，设施也更好！

Q：怎么可能！哪里有那么好的房子？

A：我确实以比市价便宜200万韩元左右的价格租下了。不过在地方城市，这个价格是可以租到

① 全租指向房东交付一定金额的押金及租金，获得一定时间的房屋使用权，期满还房时全额退还押金的租房模式。

这样的房子的。

Q：这也可能是个敏感的问题，200万韩元真的够生活吗？

A：首先，我们计算好每个月的花费大概是100万韩元左右，剩下的100万韩元存起来，打算去国外旅行时使用。如果钱不够花，我们打算打工。最近法定最低工资也涨了一点儿嘛。

Q：那我再问一个更敏感的问题。前辈你现在也40多岁了，没有感到不安吗？这个年龄再找到新工作会很难。

A：确实如此。不过，这样的生活如果现在不实现的话，以后也很难实现。和妻子去旅行，拍好看的照片发在社交媒体上，两个人悠闲地聊天，睡懒觉，开车去兜风，我想过这样的生活。看上去是很简单，没什么了不起，但其实等我们以后体力跟不上了，会变得很难实现。

Q：我以前也有过一段很长的旅行。但旅行后因为很难找到好工作，我难过了一段时间。前辈你真的没关系吗？

A：那可能是因为你还想找到和过去一样的年薪和条件的工作吧？我现在在一家小公司里，每个月只赚200万韩元，就这样我也可以工作。也是为了能接受这个水平的收入，过去5年我努力让我们现在能每个月有200万租金进账。

Q：最近辞职和跳槽的情况似乎变得频繁了。前辈你是怎么看待这件事的呢？

A：我觉得这是必然的。因为通过公司来保障老年生活的时代已经结束了。在这样的情况下，又有几个人会为公司奉献一辈子呢？韩国想考公务员的学生增多也是理所当然的。但是，哪怕是这样，也最好不要冲动辞职。虽然辞职变容易了，但入职变难了啊。

Q：那我们怎么办呢？不要辞职而是坚持上班吗？可是前辈你都辞职了啊。

A: 人为什么上班呢，还不是为了有钱吃饭活下去。所以，如果没有可以吃一辈子饭的钱时，还是不要一生气就辞职。我建议尽量选择跳槽，而且，冲动辞职可能需要"泄愤费用（因受到压力而花的钱）"①。还有可能发生被迫辞职的情况，如果手中没有存款，就有可能急急忙忙进入需要花费两倍"泄愤费用"的公司。当然了，如果有其他的目标，或者像我一样有计划地进行辞职准备，也不错。

Q: 最后一个问题，前辈会对像你一样离职的人说些什么呢？

A: 哪怕只上一天班，也要努力工作，哪怕觉得很烦，也要用心制订辞职后的计划并为养老做准备。周末一边积累新经验，一边寻找各种机会。这个忙碌的世界让人疲惫，人们必须要做的事情变多了。不过，人生就是这样。比别人勤劳的人失败的概率比较低。辞职也是一样的。如果觉得自己坚持工作

---

① 这里的含义是指因为冲动辞职不能冷静地选择下一家公司，容易进入更差的环境中，需要更多的"泄愤费用"。

比较痛苦，那么就用积极的心态来结束工作，一步步实行辞职计划比较好。

♡ 今日心得 ┄┄┄┄┄┄┄┄┄┄┄┄┄┄┄┄┄┄┄┄┄┄┄┄┄┄┄

我以为一直坚持到坚持不下去了叫作辞职，
却不知道修炼出可以坚持走下去的人生路，
才是真正的辞职。

第三部分

想把工作和人
都重置的周一

比起强力一击，
职场上更需要虚晃一枪

本节文章写于目睹了一场在急速行驶的公交车上发生的争吵之后。为方便读者理解事件的始末，这里将其中一人称为"烧酒大叔"，将另外一人称为"人参酒大叔"。

这场争吵是可以预见的。我刚坐上公交车，就闻到一股人参酒的味道，在公交车第二排坐着的"人参酒大叔"正顶着一张宿醉的脸，试图与车上的人们聊天。

"你知道'神降临在公交车里'是什么意思吗？"

没有人回答。坐在他旁边的年轻女人戴上了耳机，坐在对面的大婶转过了头。于是，大叔冲着正好路过的我说出了答案。

"神——灵——附——体。"

我坐到公交车的最后一个空位上——最后一排正中间的位置。坐下之后，我开始思考"人参酒大叔"的问题，发现竟然还有那么点意思，神灵附体。"人参酒大叔"继续问着大家类似的问题，他还不知道自己 5 分钟后将要遇到谁。

"烧酒大叔"是从上高速前的一个停车站上来的，两人刚一见面就擦出了火花。摇摇晃晃走过走道的"烧酒大叔"和一半身体都要伸出来的"人参酒大叔"发生了冲突。5，4，3，2，1，开战!

烧酒大叔：哎哟，你这小子。喝了这么多酒就得乖乖坐在座位上啊!

人参酒大叔：小子? 你这臭毛头! 你知不知道我是谁，在这乱叫小子小子的?

烧酒大叔：乱叫? 这小子真是! 你才不知天高地厚，你知道我是谁吗? 就在这捣蛋? 嗯?

人参酒大叔：你也就是能喝得起烧酒的人，我有必要知道你是谁吗?

烧酒大叔：你小看烧酒？韩国变堕落都是因为像你这样的臭小子！你知道吗？

真有趣。只听声音的话，还以为他们两人已经互相抓住领口打起来了。其实两个人都紧紧握着扶手，而且，大叔们虽然一直在互相叫嚣"你知道我是谁吗？"，却到最后都没说自己是谁。公交车下了高速公路，转入国道后，两人的争吵变得更加激烈了。

烧酒大叔：真是气人！信不信我一拳就能把你打趴下！找死吗？

人参酒大叔：我还没见过说要把我打死的人活得比我长呢！

烧酒大叔：这个家伙真的是！今天就让你用眼泪洗澡！

"烧酒大叔"举起拳头做出一个威胁的姿势。"叮咚"，这时铃声突然响了，虽然只是短短一瞬，"人参酒大叔"的肩膀不由得往回缩了一下。"烧酒大叔"看到他的样子，咯咯笑了起来，"人参酒大叔"发现自己被骗了，气得要反击，他的屁股还是坐在椅子上，肩膀却快速地在空中做出一个威胁的动作。

人参酒大叔：真想把你干趴下！把你从头到脚都踩个遍！

烧酒大叔：本来我就很累了，正好啊。我看你能不能给我踩舒服了！我会让你痛哭流涕，用眼泪洗澡！下车！臭小子！

就在这时，公交车到了"烧酒大叔"要下车的那一站，车门开了，但两个大叔的口舌之争还在继续。已经听得腻烦的司机高喊着"两位下车去吵！"争吵一瞬间结束了。"烧酒大叔"说着"算你今天运气好"下了车，"人参酒大叔"回答他"被吓得逃跑的懦夫"。"哔——"，车门一关，车上安静得像什么都没发生过一样。

现在已经很少会在生活中看到吵架的场景了。虽然最后我也没弄明白两个大叔的身份，但从他俩各自上公交车的站点和衣着来看，大概一个是个体户，另一个是公司部长之类的身份。

　　猛一看好像是场可笑的争吵，但仔细想想，就会发现这是一场聪明的争吵。虽说是吵架，但既没有赢的人，也没有输的人。没有人受伤，车上的乘客们除了被噪声吵到，也没有什么大的损失。这是因为两个大叔都没有使用强力一击，而是用了虚晃一枪来互相攻击。

　　我突然想到，职场生活是不是也是如此？比起默默用行动来表达的人，不费什么力气、嘴上说得天花乱坠的人在公司中更如鱼得水；比起忍到最后才爆发的人，那些经常因为大大小小的事而生气的人更少被上司讨厌。以负责任的心态站出来的人所承受的业务量很重，而避开工作、站在一边的人的业务量才是合理的。

　　在毫无希望的公司里工作，比起强力一击，更多时候需要虚晃一枪。因为公司不是凭一个人的挑战和勇气就能撑起来，而是需要很多人的妥协与服从才运转起来的。

所以，今天我也坐在办公室的角落里，

毫无存在感地工作着，准时下班。

正在努力学习不羞愧。

2

想下班后去
无人岛

 "你读了这个就算和我交换号码了!"

上大学的时候,我收到过一个男同学的纸条。他是音乐系的学生,不知是他知道了我是文艺创作系的学生,还是他想展现自己的幽默和魄力,他在褶皱的纸上用像蚯蚓一样的字写了上面这句话给我。看到这句话,我想起了一个场景,是当时正在热映的电影《我脑海中的橡皮擦》里路边小吃摊的片段。在像被橡皮擦擦掉一样的记忆中,郑雨盛说:"你喝了这杯酒就算和我交往了!"接着,孙艺珍用可以把烧酒销量提高两倍的表情把烧酒喝了下去。

我看向给我纸条的男同学跑开的方向,他正和朋友们站在一起看着我，都是曾上过同一节选修课的面孔。不管是那时还是现在，我都很喜欢蹩脚的笑话，常常被教授的笑话逗得捧腹大笑，那次他好像也期待着我那样笑出来。但他想错了，我不会因为那样的句子笑出来。而且他不是郑雨盛，我也不是孙艺珍，我不想做出在现实中会让他误会的反应，于是我面无表情地把纸折回原样，像从未打开过一样。

现在回想起来，那真是段可爱的时光，因为不想联系就可以不联系。

在这件事发生15年后，我从早上睁眼到晚上闭眼，没有一刻不在与别人联系。短信、邮件、聊天软件信息等，不管我愿不愿意，每时每刻都在与外界产生联系。我们从中获得了便利，但也失去了选择权。我想起第一次拿到智能手机的时候，如果可以回到那时，我会朝为世界发展这么好而欢呼的自己的头上拍一巴掌。

不知从什么时候开始，通过智能手机，人们可以进行"虚拟现实"体验。我们常常不知道自己到底是在公司还是在家里，明明已经下班坐在家里的餐桌前了，但还是有种坐在办公室桌子前的感觉。如果碰上了喜欢在工作群里说话的上司，就相当于被迫感受这种"在家上班"的体验。仿佛只有辞职才算真正下班，体会过的人才懂这种感觉。

万幸的是，从2019年7月16日起，韩国开始实行"职场禁止欺凌法"。网上对职场欺凌是这样定义的：

> 雇佣者或劳动者在职场内利用地位或关系等优势，对其他劳动者施以超过业务要求范围的身体或精神上的压力，或恶化其劳动环境的行为。

虽然，到目前为止对此法规的判断标准和处罚还很模糊，但看起来现在下班后想通过手机安排过分的工作或者发送侮辱性的话语没那么容易了。当然，还有很多人不知道有这样的法规诞生了，仍然在晚上或者周末随时在工作群里发信息。我内心很想单独把"职场禁止欺凌法"的链接发给上司，并强调如果影响受害者权益的话，会被"处以三年以下有期徒刑或三千万韩元以上的罚款"。

其实我也曾梦想过拥有像《我脑海中的橡皮擦》里一样的爱情。如果那时候是喜欢的人向我那样告白的话，也许我就会把我所有的号码都告诉他。那时，我还可以选择要把谁放进我的生活里。而现在，任何人都可以随时霸占我的时间。学生时代很穷，又没有智能手机，很不方便，却可以自己把握人生中重要的瞬间和出现的人。在个人生活上，那时反而比现在更不用在意别人。

现在，我偶尔会希望我的时间是不被打扰的"无人岛"。生活在每时每刻都能被联系到的世界，我想去一个谁都联系不到的地方。在资本主义社会里，我被定义为"劳动者"，生活得越久，对自己的时间、自己的无人岛就会更加渴望。

卓越的科技不仅给我们的日常生活带来了各种各样的便利，也带走了很多选择，但我相信，未来会用更卓越的技术和以人为本的方法返还给我们选择的权利。现在就开始，我们应该对剥夺员工下班时间的人处以五百万韩元以下的罚款，对把员工逼到崩溃的人处以三年以下有期徒刑和三千万韩元以上的罚款。

基于此，我想再次奉劝几年前在工作群里，六个小时内发送了五万三千二百字的组长下面这句话。

💗 今日心得 --

"如果看到这篇文章的话，

你就不会那么做了吧？"

3

挺直腰杆，
不当"软柿子"

 "林组长好像把我当成'软柿子'了。"

这是同事贤雅曾经每天都对我说的话，每次我都不回答，只是笑笑。哪怕是在我这个外人眼里，林组长确实有很多时候在欺负她。举几个例子，林组长在分配工作的时候，总是给贤雅更多的任务，而且每次都有理由。比如，说她工作速度快，说她是组里面最值得信赖的同事。如果贤雅迟到，组长会当着大家的面让她下不来台，之后又给她吹耳边风，说这样批评她，以后其他经常迟到的同事就会注意起来了。

贤雅已经结婚了，而林组长还未婚。林组长总是在下班后叫住她，"一起去美容院吧""一起吃晚饭吧""一起加夜班吧",如此等等。林组长会在工作日随意提出让她倍感压力的要求,到了周五晚上也不放过她。如果贤雅面露难色,林组长就会说:"我们在公司里虽然是同事,但到了公司外面就是朋友。"随即林组长就会露出伤心的神色。如果周末突然来了需要紧急处理的工作,林组长也不会联系住在公司附近的同事,而是给贤雅打电话,让她到公司来处理。贤雅很厌烦林组长只找她处理这些事,但她又无法拒绝。

每个组都会有像贤雅这样的人,刚开始本着努力把事做好的善意去工作,到最后却被其他人牵着鼻子走,我们把这样的人叫作"软柿子"。哪怕只有一次被别人当过"软柿子"的人都知道,人们很快就会对"软柿子"遭受的不公和劳苦视而不见。同事们在贤雅提出辞职之前都不知道,不,是装作不知道——她到底有多辛苦。

我也曾有过和贤雅类似的经历,在不同的公司,被各种各样的人当"软柿子"来捏。只有"软柿子"才懂"软柿子"的心情,也只有"软柿子"才明白"软柿子"的难处。

所以我做了下面的分析，看看在公司里我们是如何被当成"软柿子"的。

1. 无法区分好人、善良的人、有能力的人

刚进入公司工作或者刚跳槽的时候，我们都很努力让自己看上去是个"好人"。但是，好人也要分场合，而且好人和善良的人并不一样，但在公司里为了变成好人，很多时候必须变得善良。遗憾的是，在冷血的公司里，善良的人和工作能力强的人是区分开的，公司会多分能力强的人一口饭吃，而这一口饭是从善良的员工嘴里掏出来的。

2. 没有想明白到底谁才是请别人帮忙的人

请别人帮忙并不是欠债，请别人帮忙是为了实现请求之人目的的手段，而接不接受这个请求的决定权在被请求的人手中。但有的人无法拒绝别人的请求，一件接一件的事都帮对方做了，当被询问理由的时候，他们都说不好意思拒绝。到底为什么会不好意思呢？当我这样反问时，他们说担心会让对方失望。

3.气势被压制，最终不得不放弃自己的想法

有时我们结结巴巴地想要拒绝，却成了能说会道的人闲聊的对象。因为不想和那些人接触，不想和他们纠缠，我们就这样反复放弃自己的意见，而那些倒胃口的人就会凭他们的想象下结论——你就是个"软柿子"。

不要泄气。哪怕现在已经被当成"软柿子"了，也可以挺直腰杆摆脱"软柿子"的境遇。"软柿子"的典型特征就是"谁都可以随便让他做事"，为了摆脱这种特征，要"果断地拒绝"。但也不要因为这样就对上司或老板大喊大叫，生气和拒绝是完全不同的态度。

拒绝也需要练习。我之前遇到的情况是这样的，中午吃完午饭后，和同事们一起去咖啡店，每次上司都会提议用游戏来决定谁付钱。比如剪刀石头布，输了的人付钱；有时候是把大家的银行卡都放在一起，让咖啡店员工抽一张来付钱；有时候是在咖啡店旁边的游戏厅玩投篮游戏，输了的人付钱，等等。方法非常多，而当时刚刚跳槽过去的我最常被选中。有时候上司甚至会直接说"今天喝一杯有林请的咖啡吧？"来故意让

我付钱。

渐渐地，情况变得难堪起来。每次都要付 20000 韩元左右的咖啡钱对我来说负担很大，对工作上的影响也不容小觑。咖啡钱越花越多，推给我的工作也越来越多。不知是不是看我一言不发就去结账的样子好欺负，每次开会我提出意见时，上司都还没听完就觉得我的意见有问题。就像用投篮游戏来决定谁付咖啡钱一样，他会无视自己不懂的内容，一个劲强调自己知道的东西。

他觉得我好欺负并不是因为我愿意买咖啡，而是因为在左右为难和不舒服的情况下我也不会拒绝。我决定从小小的拒绝开始做起：

"我先回去了，没有钱了。"

我对着吃完午饭后走向咖啡店的上司的后脑勺这样说。那时他用一种无语的表情回头看我，我面带微笑，向他点头致意后回到了办公室。独自一人回公司的路上，我感到既痛快，又有些紧张，但喝着公司里的免费咖啡，自由地享用剩下的午休时间，我只会后悔为什么没有早点儿拒绝。

在那之后，"付咖啡钱游戏"自然而然地消失了。虽然一直没有人说出来，但对于工资少得可怜的上班族来说，大家应该都同样感到这种花销是一种负担，因为在我之后，我看到同事们都开始一个个早早地回办公室了。

❤ 今日心得 ┈┈┈┈┈┈┈┈┈┈┈┈┈┈┈┈┈┈┈┈┈┈┈┈┈┈┈┈┈┈┈┈

你人真好，

你真善良，

和你在一起很舒服，

这些都是没必要在公司听到的话。

4
为什么呢？
因为拒绝很难

 还有很多关于拒绝的话没有说完。

我的职场生活以拒绝开始，也以拒绝结束。努力不被想去的公司拒绝，又以无法在一起继续走下去的理由拒绝了职场生活。仔细想想，并不仅仅只有职场是这样的，拒绝已经深入到我们人生的每一个场景中。我们生活在和家人、朋友、恋人、同事的关系中，在这些剪不断理还乱的关系中，常常出现令人不舒服的请求。因此，拒绝是一种必修技能。

越熟练地拒绝，可以选择的东西就越多。那么，我们该怎么做才能熟练地拒绝呢？

1. 觉得不对劲的时候就是不对劲

有一种人，可以用无比可爱的表情请别人帮他做在谁看来都不合理的工作。还有一种人，在请别人帮忙的时候，一直强调维护关系的重要性。就像我前面说过的，请别人帮忙这种行为，是请求的人为实现自己的目的而进行的。因此，选择权在我们自己手中，不管对方长得多么可爱，后台多么硬，我们都有拒绝的权利。

2. 快速决定，慢速拒绝

要拒绝自己认为不合理的请求，但如果想让请求的人不那么尴尬的话，可以不用马上就拒绝。可以用"让我考虑一下""我先确认一下""我们先商量一下"等话术让对方认为自己在认真考虑，然后再诚心地拒绝他。即使没有立即拒绝对方，对方也会考虑自己可能会被拒绝这一点，从而物色其他人选，但不要太晚拒绝对方。

3. 因为拒绝而断掉的关系，迟早都会断掉

我们在拒绝有些人时，会从心底感到抱歉。但是，与其后悔没有早早拒绝，还不如从最开始就感到抱歉。

如果因为拒绝了对方导致关系变得很糟糕，我们正好借此机会看清楚对方是个怎样的人。拒绝并不是拒绝一个人，只是拒绝了一个请求而已。

4.不要真的感到抱歉，装作抱歉就可以了

如果担心对方失望，就"装作抱歉"吧。这里要注意的是,请不要真情流露地表示抱歉,尽可能不要说出"对不起"这句话,可以说"我也想帮你,但这次很遗憾""希望你能顺利解决"。拒绝并不代表亏欠了对方。

5.说服提出请求的人接受拒绝吧

并不是只有请别人帮忙的人需要说服对方，被请求的人也可以说服对方。无数与"说服"相关的书都在讲如何让对方不要拒绝自己，读过这类书的人都知道，让对方接受自己请求的方法主要包含：让对方觉得亏欠自己、不管不顾先拜托对方、形成共情、利用拒绝的理由继续说服等技巧。让我们反过来利用这些技巧吧。

不知道你是否听说过，用包含"因为"的话来请求别人时，被拒绝的概率会比较小。心理学家埃伦·兰格在 1978 年做过一个关于让步的心理测试。针对在图书馆复印机前等待复印的人们，分别用以下两句话询问他们是否可以让自己先复印。

①"对不起，我有 5 页纸需要复印，请问我可以先使用复印机吗？"

②"对不起，我有 5 页纸需要复印，请问我可以先使用复印机吗？因为我现在有急事。"

结果如何呢？用第一句话请求别人，有 60% 的人会让步，而用第二句话请求别人，则有 94% 的人让步。这个实验结果表明，用"因为"这样的词请别人帮忙，是一个正确的选择。

我曾经遇到过非常了解这种心理的同事，她每次都是这样请我帮她干活的。

"有林，你明早可以帮我写日报吗？因为我明早之前要写完这个报道的资料。"

"有林，这周末的活动，你可以替我去吗？因为那天是我父亲的生日。"

"有林，这次夏季休假你可以和我换一下时间吗？因为我要买的飞机票只有那个时间才有。"

但是，"因为"效应对我并不起作用。

"有点困难啊，因为我明早也要提交企划案。"

"我可能去不了，因为我父亲也是这周过生日。"

"不行啊，因为我要买的机票也是那个时候最便宜。"

♥ 今日心得 ···

拒绝很难。

因为，

每个人都有自己的原因。

5

周日上班,
"周一病"就能好转?

"如果'周一病'非常严重,那么就从周日开始
工作,这也是一种解决方法。"

几年前,一个新闻节目针对"周一病"进行调查采访,这是当时的记者得出的解决方法。记者认为,周一过得怎么样,取决于上班族的态度。大部分上班族因为周中工作的压力而产生过度的补偿心理,所以周日过得非常不规律。因此他认为,周日不应该是"一周的结束",而应该是"一周的开始",所以建议我们应该从周日开始工作。他们真的认为这样可以解决问题吗?记者在推特上又再次强调"有工作已经是一种福气了""要改变对'周一病'的认知"等观念。

之后不久，另一家报社选登了阅读过《周日上班是"周一病"的解决方法》这条新闻的读者评论，大部分读者的反应都是嘲笑和无语，其中一条留言直到现在都让我印象深刻。

那如果要消除节日恐惧症，平时也摆供桌吃饭就可以了啊。

总之，我无法同意这个解决方法。并不是对所谓"周一病"的解决方法有情绪上的不满才不接受，而是因为我经历过这些，所以明白这根本没用。因为我就是经历过周日上班的上班族。

我曾在一家国有企业的宣传部门工作，负责企业月刊的制作。和所有的杂志一样，截稿日是经，加夜班是纬。快到截稿日的时候，下班和周末都是不存在的。只有在每个月最后一个周一之前把完成的文件发送到印刷厂，才能赶上杂志发行的日期，因此，那时常常周日也要去公司上班。你看过空荡荡的驿三洞大街吗？如果感兴趣的话，可以在周日的时候去看看。走在安静的高楼大厦中间，身体会不自觉地蜷缩。不知是不是我看了太多电影，总觉得会有僵尸从哪里跳出来，看着建筑物玻璃上映出的我那毫无血色的脸，感觉僵尸竟是我自己。

如果周日就上班的话，对周一的抵触是会降低些。人如果没有余力思考，过段时间就会像机器一样工作，上班、工作、吃饭、下班、睡觉、接着上班。不知不觉间，人体也会形成周一、周二、周三、周四、周五、周六、周日、周一、周二、周三、周四、周五这样不休息连续工作 12 天的规律。

但人不是机器，人无法承受没有闲暇、切断情感、没有多样性的生活。而且，机器运转久了才会发热，但人的心在最开始工作时就是炽热的。

那时，我连对公司表达不满的时间都没有，我以为如果不去思考并表达，那些想法就会自然而然地消失。但心中无法消解的不适感累积在某个角落，有一天会像香槟一样喷发出来。我甚至连半边脸都麻痹了，却还在为了能于截稿日前完成任务而在公司加夜班。当然，前辈们也让我先回家，但我的身体没法从座位上起来，我的心也久久无法离开公司。

那时，把我当成机器的人是我自己。终于，我因为忍受不了痛苦而大哭，但哭的同时我还在校对稿件。后来，这件事成为我决定果断辞职的契机。

"有工作是一种福气，你要学会感激。"

在竞争激烈的社会，不管以什么样的方式，能赚钱就是一种福气吗？

我们在自己的人生里给别人说的话加了太多的权重。艰难就业，但还是觉得辛苦和不幸，就以为是自己太柔弱了；觉得每周一都太辛苦了，就以为是自己太愚钝，还没能转换思想。这些最终变成了对自己的一次次否定。

"周一病"的病因并不是因为没有紧张感的周日，而是无论如何努力上班都难以平息未来所带来的不安，还有"继续这样下去也没关系吗？"等充满不确定性的疑问。

有公司让你上班，你能赚钱养活自己，比起被叫作"有福气"，"机会"这个词也许更合适。我们可以把机会当作生存下去的工具，也可以当作为了成功而积累的经验或灵感，还可以当作寻找适合自己的工作的过程。

在把人才看作资源的国家，解决"周一病"的方法并不是提倡周日上班，而是应该发展能缩短通勤时间的公共交通，建立根据实际情况灵活选择在家办公的工作环境，还有随着人均寿命增加与科学技术的发展，废除退休年龄等方法。

💗 今日心得 ··

2064 年 4 月的某一天，

我过完了自己的八十大寿，晚上躺在床上，

希望我还能有这样的苦恼：

"明天不想上班了，要不要请假呢？"

6
独自吃饭,
并不影响集体感

 "每四个上班族中就有一个人
中午是独自吃饭的。"

这是某就业网站的问卷调查结果。当询问独自吃饭的上班族"为什么选择一个人吃饭"时,有51.1%的人回答"因为比较方便"。现在越来越多的上班族认为午饭时间是个人时间了。

三年前,我所在的工作组里,想要一个人吃饭还是需要勇气的。而现在,独自吃饭成了一种选择。有人不喜欢吃米饭,只想吃面包,或者有人自己带了午饭。也有人习惯不吃午饭,利用中午的时间去健身房或去补习班,还可以读会儿书。

我现在在公司附近的麦当劳里喝着不是"冰美式"而是"1000 韩元的冰咖啡"写下这篇文章。现在是 12 点 25 分,我还有 30 分钟可以写我想写的文章。如果肚子饿的话,回公司的路上我就买个面包。

读到这里,也许有读者会羡慕我。就像前面说的,到现在,每四个上班族中仍然有三个是没法选择自己一个人吃饭的,这些人中肯定有人不得不和同事一起吃饭。

上班族出让自己的时间给公司,获得工资,通过一纸合同,成为甲乙双方,一方占据优势地位。但其实仔细想想,双方是相同的处境,上班族在公司工作赚钱,公司利用员工的劳动力赚取更多的钱。公司和我都是为了赚钱,但公司却对员工有着没有在合同中写明的集体感的要求。

集体感到底是什么呢?字典上的含义是"自己从属于某个集体的感觉"。那么"感觉"又是什么意思呢?字典上的含义是"身体的感觉或内心感受到的情绪"。

那么，"情绪"又是什么意思呢？大家应该都明白，我就不再翻字典了。

感觉、情绪都是我自己的东西，如何感受并接受，只要我自己决定就可以。但公司却向员工要求要有集体感，还说什么集体感越强，对公司的情感越深，就越可以提高工作效率。公司希望员工们是紧紧团结在一起的。

我在一家教育公司做兼职的时候，当时的老板常常举行各种活动。与员工家庭周末一起观看电影；与员工家庭一起开运动会；为了提升员工的素质，早上7点开设名师特讲课；还要求每天早上全体员工聚在一起做体操；午饭时间全体员工一起在礼堂观看乐队演出等。公司打着员工福祉的名号开展了一系列活动，还因此获得过"最适合工作的公司"的称号。

"我总是在思考如何让我的员工幸福地工作。"

公司老板用看起来很和善的笑容对我说着这样的话，至今我都记忆犹新。那时我笑着回应了他，但心里却很惊讶，因为我不知道这样是不是真的可以让员工幸福。

老板盼望员工幸福工作的根本目的，很快就暴露了。我记得名师特讲是每周一早上 7 点开始，当时 200 多名员工聚在讲堂里听关于创意和灵感的讲座。我负责内容企划，这个课程对我来说是有帮助的，但有帮助并不代表不无聊。

"上课时间谁在看手机？"

课程结束后，老板拿起了麦克风。其实他不应该这么问，因为从始至终都有人在看手机。原本老板总是坐在第一排，那天他坐到了最后一排，想用一个全方位的视角来观察员工。之前老板坐在前面看不到，但坐在最后一排一眼就看到了一些偷懒的员工：点着头打瞌睡的员工，交头接耳说悄悄话的员工，还有看手机的员工。他怒气冲冲，针对看手机的员工说：

"有集体感的员工是不会这样做的。公司为大家提供的福利多么珍贵！你们都不知道自己在享什么福！"

是的，让员工感到幸福的说辞其实是为了老板自己。

上班族从属于公司，但职场生活只是每个人生活中的一部分。因此，公司对我的人生起到什么作用、带来什么意义，都是由人生的主人——我自己来决定的。工作对我来说到底是谋生的手段，是让内心安定的保证，还是让我成长的一段经历，这些都不是由公司来定义的，而是由我自己选择的。还有，很多老板并不知道，比起认为自己从属于公司的人，相信公司是自己人生一部分的人对工作更有责任心，对公司的主人意识更强。因此，请不要对想独自吃午饭的员工说"这样会影响集体感"。独自吃完午饭，充分休息或充电后，才会为公司更努力地工作。

结束了在这家教育公司的工作之后，我与这位老板还联系过几次，每次我都很犹豫要不要说出心里话，在这篇文章中我想鼓起勇气写出来。不是想报复每次看上去都像把工作交给我了，但却从来没信任过我的老板，而是作为在这家公司工作时从没感到过幸福的员工，提出真心实意的劝告。

　　老板，"福祉"在字典里的意思是"幸福的生活"。

　　那么"员工福祉"是什么意思呢？

　　那就是"员工的幸福生活"。

　　到现在为止，您所实行的都是"老板的幸福"。

　　您真的希望员工们都幸福吗？

　　那就请不要自己一个人苦恼，而是认真倾听员工真正的苦恼吧。

第四部分

对职场生活
有利的东西

提问的力量

 "这是来了一群孩子啊？"

20多岁时，我在报社工作，曾有一次采访一位资深小说家。小时候读过的他的作品给我留下了深刻的印象，所以我在准备采访时投入了很多精力。虽然采访的主题与作者的作品无关，但我还是再次读了他的作品，还把他最近几年的新闻和采访一一翻阅了一遍，而同一天截稿的广告主的新闻我一个字都还没开始写。就这样，我偏心地准备着对作家的采访。

但是，到了采访那天，我们面对面坐下，中间放着采访提纲和录音设备，而资深小说家拿起采访提纲后，说出了上面那句话。他说的"孩子"里还包括30多岁的摄影记者前辈。为了拍摄采访照片，摄影记者请求他：

"作家先生，请您把身体向右边稍微转一点。"他回答：
"这些问题我会按顺序回答，照片就随便拍一拍吧。"
他的身体像磐石般一动不动。

比起还是新人的我，前辈觉得有些被羞辱了。我能
看到照相机后面的前辈微微皱起了眉头。我觉得发生这
种无礼的情况是身为责任记者的我的问题，我瞬间紧张
了起来。而且，那段时间正是我对穿孔痴迷的时候，我
两只耳朵上一共戴了 6 个摇晃的耳饰，穿的衣服也都是
几何形状的前卫设计。虽然只是一瞬间，但我从作家的
眼神里读出了"最近的年轻人都不知道怎么了"的意味。

那天，前辈和我沉默无语，我们被资深小说家打蔫
儿了。但是，当采访结束后，摄影记者提出想再拍一些
照片时，小说家像自言自语地说"怎么让一群小孩来采
访。"我觉得不太舒服。于是，我问了一个在采访提纲
上没有的问题："作家先生，您为什么说我们是小孩？"

他确实是个经历丰富的人，没有一丝惊慌地回答
我："你们手忙脚乱的嘛，一点儿也不像专业人士。"

我不想认输，于是又抛出了另一个问题："作家先生，
我现在才 20 多岁，等几十年后我到了您这个年纪，不就

成专家了吗？"

他没有回答，只是哈哈大笑，然后摆出了我们要求的姿势。在这件事之后的很长一段时间里，我都误以为是"我的爽朗"让这件事有了一个好的结果。但在很久之后回想起来，我才明白，那时资深小说家没有再说出任何令人不快的发言，是因为我的"提问"让他将自我情绪抛开了。我质问他到了他的年纪我就会成为专家这句话，让他明白了自己应该展现的专业行为是什么样的。

可惜当时我连这一点都没想清楚，在后来采访年纪比较大的人时，我都装作可爱爽朗、活泼有趣的样子。真想把这样的过去像清理指甲缝里的脏东西一样清理掉。

在某部纪录片中，有一段是把记者们聚在一起观看关于"提问"的视频。他们观看的视频是于 2010 年在首尔举行的 G20 首脑峰会闭幕式上，时任美国总统奥巴马的记者见面会。视频中的奥巴马回答着记者们的问题，然后向记者们提出这样的提议：

"我想给韩国记者一个提问的机会，因为他们非常完美地扮演了主办国的角色。"

正如他所说，那时的首脑峰会在韩国举行，会场里一定有很多韩国记者。虽然大家猜测一定会有很多人举手提问，但视频中却一直是令人窒息的安静场景。同声传译也在现场，于是奥巴马又说，不用英语提问也可以。过了一会儿，一位记者霸气地站起来，用英语这样问道：

"让您失望了，很抱歉，我是一名中国记者。请问我可以代表亚洲提问吗？"

奥巴马又强调了一次，希望将提问的机会留给韩国记者，但没有任何人举手提问。于是中国记者就在韩国举办的国际会议上，以亚洲代表的身份获得了提问的机会。看着这个视频的韩国记者们的表情很僵硬，仿佛自己就在记者见面会现场。

我们在学生时代一直追寻试卷上问题的答案，包含大学在内，一共上了 16 年学。大学毕业后，为了成为公务员又开始准备其他考试，通过公司面试以后，也要为了寻找答案而东奔西走。

因此，比起提问，我们对寻找答案更熟悉。我不清楚是不是人类原本就具有这种倾向，所有人都在这样生活。但事实是，不带着问题思考、只会毫无头绪地寻找答案，这在韩国人的人生中太常见了。韩国是不善于提问的民族，这一点已经向国际社会展示过了。

如果以后再次发生这样的情况该怎么办呢？人们都说，时代改变了，现在应该会有几位记者努力不错过这样的提问机会了，不过应该还是不会出现争相提问的场面。

但仍然还有一个场所，让人无法轻易提问，这个场所就是公司。令人奇怪的是，公司是一个工作越久就越不会提问的地方。我猜测，理由可以总结为以下几点：

1. 担心问出问题后显得自己像一个什么都不懂的人；
2. 担心问出问题后自己被安排更多的工作；
3. 担心问出问题后被上司讨厌。

大部分人都担心提问会带来"否定的结果"。但是，因为担心"否定的结果"而不提问，反而会产生更多"真正的后悔"。如果不会提问，而是习惯了寻找经过验证的正确答案，那么在这辈子无数个需要做决定的瞬间，就会做出和自己内心相反的选择。甚至对所做的决定感到后悔也还是依靠别人的结论，把又一个错误答案当成了正确答案。

但是，只要鼓起勇气，"提问"还可以达到降低危险概率的积极效果。

认知心理学家金京日教授在一次演讲中介绍了将提问的危险概率最小化的方法，他举了一个例子。比如，上班时上司的心情看上去非常差，但此时又有需要他签字的文件，大部分人在这种时候都会很犹豫。但金京日教授却建议，越是这样的时候，反而越应该把文件放到上司面前，问他："部长，昨天您是发生什么事了吗？"这样做，上司会瞬间将个人情绪抛开，因为在这种情况下发火的话，会显得自己是一个格局很小的人。我很久之前采访的资深小说家也是因为类似的原因，才没有做出更无礼的行为。回到 2010 年首尔 G20 峰会闭幕式上，如果一个韩国记者问了奥巴马一个很随便的问题会怎么样呢？

"除了烤牛肉拌饭之外，您最喜欢的韩国料理是什么呢？"

那么，"奥巴马推荐菜"这个搜索词也会为韩国旅游观光产业贡献一份力量。

⬤ **今日心得** ┈┈┈┈┈┈┈┈┈┈┈┈┈┈┈┈┈┈┈┈┈┈┈┈┈┈┈┈┈┈┈┈┈┈┈┈┈┈

> 最近，罗勋儿①大叔只要有机会拿起麦克风，总是对一个人提问：
>
> "苏格拉底大哥！这个世界为何如此辛苦？"
>
> "苏格拉底大哥！苏格拉底式的爱情为何是这样的？"
>
> 我也有一个问题想要问苏格拉底大哥：
>
> "苏格拉底大哥！职场生活怎么就这么辛苦呢？"

───────────

① 罗勋儿，韩国著名歌手，《苏格拉底大哥》是他2020年8月发行的一首歌。

2
感动的功效

 不久前，我知道了一种叫作"感动荷尔蒙"的荷尔蒙。

据说这种荷尔蒙在治疗癌症、减少疼痛上的效果比内啡肽好 4000 倍以上。虽然活到 100 岁令人恐惧，但至少每个人都想健康地上班。因此，比起茫然地等待至少要 10 年的新药开发时间，我决定让我的身体分泌出更多的"感动荷尔蒙"。

了解之后发现，"感动荷尔蒙"是人体在感动的时候分泌出来的。比如，听到好听的歌曲或看到美丽的风景，获得了新的真理或陷入了动人的爱情。于是，我为了让自己在情感枯竭、容易发火的周一上班路上分泌"感动荷尔蒙"，做了以下几种努力。

1. 从周围的人身上获得感动

我打开玄关门准备去上班。走廊连通的公寓只要一开门就能来到室外，每栋楼之间的距离并不远，对面公寓的客厅也能看得清清楚楚。在那么多房间中，一个无力蜷缩在阳台角落里抽烟的中年男人吸引了我的目光。如果是平时的话，我会给物业打电话投诉。但那天，我想他也许有什么落寞的事吧。一家之主的重担有多重呢？2000年初，每当有无法向家人吐露的郁闷时，爸爸都会穿着已经变形的背心和四角裤衩在阳台抽烟。在这样的清晨，无处可去、只能选择在角落里抽烟的一家之主，那落寞的背影让我鼻子发酸。爸爸现在也依然在艰难地适应公共禁烟规则，不过想想还是应该投诉抽烟的那位中年男人。

2. 细细回想离开的人，获得感动

我向着马上就要关门的公交车狂奔。像求救一般，我的手勉强触碰到已经关上了的车门。这种情况，一般心软的司机都会打开门，但今天碰到的应该是一位冷酷的司机在掌管方向盘。他装作没有听到我恳求地喊着"大叔"的声音，装作没有看到我焦急挥动的双手。看着离

开的公交车，我的眼泪流了下来。我明白了一个新的真理：变心的恋人和装作不知道门外有乘客的司机都无法挽留，要离开的人终究是要离开的。只不过，并不是所有的真理都让人感动，这有些遗憾。

3. 与世界切断联系，获得感动

我坐上了下一辆公交车，但是，车上没有空座位，而交通也开始拥堵了。就这样，我心里数落着京畿道大众交通的问题，心中堆积的郁火快要爆发了，但我不能这样毁掉自己的心情和健康。为了分泌感动荷尔蒙，我开始听音乐，闭上眼睛，我想象着和音乐相配的绿色田野。沉浸吧，沉浸吧。但是，我还是没能深深沉浸在音乐里，因为严重晕车，我的胃里不断想涌上来些什么。终于在快要吐出来的时候，我到了地铁站。好的音乐虽然对身心安定有效，但对晕车无效，我又再次确认了这一点。

4. 欣赏可爱而美好的事物，获得感动

在地铁里，我凭着决断力和行动力找到了座位，深呼吸，让翻涌的胃镇静下来。这时，我和邻座的婴儿对

上了眼。雪白的皮肤，明亮的眼睛，就连嘴角沾上的饼干碎屑都特别可爱。我一下笑出了声，也许这次真的能分泌"感动荷尔蒙"了。但这时，婴儿看着我突然哭了起来。不知道为什么，小孩都很讨厌我。侄子曾说过，在他刚刚明白什么是漂亮的时候，就讨厌"又黑又丑"的姑姑，一直到开始上思想品德课时，他才觉得自己当时是不对的。总之，陷入可爱事物的努力也失败了。

5. 重看过去喜爱的视频，获得感动

当我把目光从哭泣的婴儿身上移开后，他就安静了。我为了创造感动的条件，决定看缓存在手机上的电影《实习生》。这部电影中我最喜欢的场景，是隐退后过着无聊人生的主人公为了成为实习生而拍摄自己采访自己的视频。虽然已经看了无数次，但不知为什么今天看这个片段有些悲伤。特别是他说"做了所有能做的事情"时，我流下了眼泪。也许是因为马上就要到公司了，我已经做了所有我能做的事了，却完全没法创造出让自己心动的"感动"。

大约有一个月时间，我为了分泌出"感动荷尔蒙"做了这些没有用的事。结论就是，我明白了感动是不会按照人的计划被制造出来的，真正的感动总来自出人意料的地方。比如因为工作的压力，第一次喝添加了烧酒的拿铁；比如总是欺负下属的上司为了不被投票下台，公开向员工道歉；比如在公司大楼前坐着发呆，却看到布满晚霞的天空。

　　所有的办法都试过一次后，我感觉从这些毫无用处的事情上得到的感动还是有一点效果的，因为这些感动可以让我忘记自己是个内心不安的上班族。

● 今日心得 ┈┈┈┈┈┈┈┈┈┈┈┈┈┈┈┈┈┈┈┈┈┈┈┈

只要抽时间回头看看，
只要静下心来仔细观察，
只要暂时放空自己，
就能获得有用的感动。

3

脏话的作用

 说脏话这件事无师自通。

工作时间长了，会有很多个瞬间因为太生气而想马上辞职，痛快地吐槽后打包走人。每当这种时候，我都会把巧克力塞进嘴里，最大限度降低自己的声音，然后这样说：

"媲美西伯利亚产的死脑筋的垃圾！制定出这世界上绝无仅有的恶心流程的人类！"

不过，我的发音非常不标准，声音又很小，还一边嚼巧克力一边说话，让人听不清楚。对方只能用"难道在骂我？"的怀疑眼神看着我，我继续吃一大口巧克力，哼起了歌。

因为想要减少工作时的痛苦，30多岁的我还在做着这样幼稚的事。如果有人质问我，说我都已经是成年人了，怎么还用脏话骂人，我会回答："这对缓解疼痛很有效果，是真的。"

英国基尔大学和中央兰开夏大学的研究小组表示，"说脏话"可以减少痛苦。研究小组将不同国籍的志愿者聚集在一起，分为两组，将他们平时不常用的一只手放进冰水中。然后允许一个组的人说脏话，另一个组的人不仅不可以说脏话，还不能说粗俗的词语。研究结果显示，被允许说脏话的小组在冰水中坚持了 1 分 18 秒，而不能说脏话的小组仅仅坚持了 45.7 秒。总结来说就是，说脏话会让人更能忍受痛苦。

但说脏话有时不仅没有效果，还有副作用。比如，和心意相通的同事痛快地说着公司或上司的坏话，心情却比说脏话之前更加抑郁了。原本自己在卫生间里骂一两句、吃午饭时骂一两句，还觉得挺爽的。这就是说脏话产生的副作用，药物和脏话被滥用都很危险。特别是在被骂的对象不在的场合，我们说出的那些凶狠的脏话，会像回旋镖那样最终回到原处。

想要获得说脏话的最佳效果，

需要养成平时不说没用脏话的习惯。

并不是说要忍着，而是要克制，

脏话也会产生耐性。

因此，为了让职场生活少点痛苦，"符合时机
与场合的恰当的脏话"才是必备品。

4
可持续性日程

 "让我们永不放弃的力量，就是热情？"

在给老板写演讲稿时，我重重敲下了一串问号。为别人写企划或文章的事情做久了，就能毫无障碍地写出我心里从来没有过的话，或强烈推荐别人去做我自己绝对不会去做的事情。写着关于"健康食谱"的新闻，而我自己却大口吃着三角紫菜包饭和方便面；每天早上完全醒不来，却写着赞扬做"晨间型人"的企划案；连做"放弃"这个动作都觉得很累，却写着"让我们永不放弃的热情"这样诡异的句子。

但今天我很好奇，热情到底是什么呢？到底为什么公司都希望唤起员工的热情呢？到底为什么上司和老板们都对"热情"这个词中毒了呢？

154

不知从什么时候开始，我对工作失去了热情。一开始，我以为自己只是有些厌烦了，但后来即使投入新的项目中也没什么斗志。是因为劳动所带来的待遇和福利太微不足道了吗？但我已经这样工作了10年，除非是中彩票，也从来没有想象过能从公司赚到什么大钱。到底为什么会变成这样呢？经历长久的苦恼后，我找到的答案是这样的：这是"太过随意地释放热情"的后果。

小时候，"热情"在很多情况下是被别人鼓吹出来的。努力学习，努力工作，努力生活。爸爸，妈妈，亲戚们，甚至连走在路上与你眼神交汇的大人都会提醒一句"要努力"。我也被教育无论目标是什么，只要充满热情地去努力，就都能实现。结果就是，我现在每天往返两个半小时上班，在办公桌前工作超过9个小时。

不久前，有人送了我一本叫作《热情的背叛》的书。读着乔治城大学教授卡尔·纽波特写的这本书，我想起了《假装热情》这部电影。作者认为，光凭一腔热情工作是非常危险的，而且，如果盲目相信只要有热情就什么都能做到，反而会让我们对工作的满足感下降。因此，为了热爱自己的工作，作者建议我们不要推崇热情，而是要增强实力，不追求地位而追求自律，集中精力把小的想法扩展成大的实践。啊！他的建议看上去和热情一样难以实现，但书中的一句话说到了我的心坎上。

喜欢的事情不是寻找到的，而是创造出来的。

在找到喜欢做的事情之前，我们需要一些试错。但如果过程中总是反复出现错误，找到适合自己的工作的概率就会大大降低。反而，相信自己在做的事情的价值，一直坚持下去，更有可能把这件事情变成自己喜欢的事情。因此，比起花费大量的时间寻找自己喜欢的事，建议大家专注在现在所做的事情上。

我马上就要超过 35 岁了，感觉自己被曾经相信的热情背叛了。也许正因为如此，我对公司的热情才逐渐冷却了。

我现在正在做着喜欢的事情吗？现在的公司是我可以做喜欢的事情的地方吗？完全提不起热情，或热情非常容易被浇灭，是不是和我本人并没有多大关系呢？公司对热情的强求总是让我对自己产生怀疑。

现在我明白了，在公司上班，需要的不是热情而是严格制订好的日程。就像比起一开始就毫无保留加速奔跑的人，一直以一定的速度和节奏跑步的人更能跑完马拉松一样，相比凭着一腔热情地工作，按制订好的日程一件一件完成工作的上班族的压力更小。

我这样修改还没有写完的老板的演讲稿：

"让我们永不放弃的是热情，但让我们失去热情的也是被过度要求的热情。"

⬤ 今日心得 ┈┈┈┈┈┈┈┈┈┈┈┈┈┈┈┈┈┈┈┈┈┈┈┈┈┈┈┈

当然，我不会这样提交这篇演讲稿。

因为这也许会让我不能再和这家公司续约。

5
怀疑自己的必要性

 明明先说分手的人是我。

男朋友有了别的女人。他把我带他去的餐厅推荐给那个女人，让那个女人坐在我送给他的汽车坐垫上，用我的笔记本电脑预约了和那个女人一起去的酒店。当我知道了所有的事情后质问他，他没有任何回答，这代表承认，他甚至连一句道歉的话都没有说。但是，不久之后主动联系对方的人还是我。

你真的打算和我分手吗？

他没有回复。更让我觉得荒唐的是，那之后的好几天里，我都在努力回想到底哪里出了问题，夜不能寐。

现在想想，我不应该对那段感情投入那么多信任。我自信地认为追了我好几年、说着喜欢我的男人不会轻易背叛我。所以我没有对任何可疑迹象产生怀疑。逐渐变淡的联络，常常取消的约会，即使见面也很尴尬的气氛。我虽然对这些也有感觉，但内心都否认了。哎哟，怎么可能呢？

我并不想完全推翻这场恋爱，但自那之后，我的疑心变重了。我开始不相信我眼睛看到的东西，疑虑变多了。我在公司也开始这样，说在这次项目结束后会有更好的项目给我的上司，说我在这个公司工作太可惜的同事，还有很晚打电话给我、说能相信的人只有我的合作方。我再也不会被他们的话迷惑了。

和我不同，一起工作一年多的组长是一个非常自信的人。他坚信公司和部门没了他就无法正常运转，所以哪怕他犯一些小错误也没关系，因为公司会站在他那边。而且，他毫不避讳在组员面前流露这种得意，这让人十分尴尬。实际情况也确实是这样，当他与下属都有问题时，公司会包庇他。我在这个部门工作期间，因为讨厌他而离职的人已经有三个了。

有一天，来了新的部长，比组长还年轻，两人之间开始了微妙的过招。现在回想起来真是太幼稚了，其中一个插曲是这样的：在新部长上任后的第一次午餐聚会上，两人进行了以下的对话：

"部长，您不用操心我这边的业务。我在公司还是一片荒地时就来了，是我一点点搭建起这里所有业务的系统。"

"也不是很难的业务，我没有什么不懂的。请你仔细汇报现在进行中的所有项目。"

"什么？好的……"

"说起来，创意内容相关的工作一般都是由年轻、有创造力的人来做，金组长现在年纪是不是比较大了？"

听到这种微妙的谈话，我差点把食物卡在喉咙里。这可是我等了很久的澳拜客黑糖面包和斗魂意面啊……后来听说第二天中午还要聚餐，那天晚上我都没有吃晚饭！

不祥的预感为什么总是应验？自那之后，组长用年龄压制部长、部长用职位压制组长的事情反复上演。这种微妙的关系终于发展成了争吵。聚餐时喝多了的组长终于说出了压在心头的话。

"喂！你到底几岁？"

人类在地位受到威胁时，就会感到不安，把事情想得很严重。谁都有自己的价值观，人为了维护自己的价值观会使出蛮劲。其实，公司不怎么干涉组长，只是因为公司认为我们组的业务并不重要，大部分都能在极短的时间内完成，对公司的营业额不会造成什么影响。因此，公司对组内发生的小纷争也毫不在意。

在与部长争吵后的第二天，组长表达了要辞职的意向。和他自己吹嘘的不同，没有人拽着他的裤腿不让他离开。人事组效率奇高，第二天就挂出了招聘信息。他开始不和组员们说话，曾经追随他的男下属们在争吵的那天装作什么都不知道，他感到自己被背叛了。

"我至少要在这里再待一个月。对这里的系统和合作方最熟悉的就是我了，和组员们之间的交接也很多。"

看上去像是马上就甩手不干的他，在看到招聘信息后给人事组打电话。这次也和他想象的不同，公司没有说恳请他留下的话。不知为何，他看起来很像过去我问有外遇的男友"你真的要和我分手吗"时的样子。

组长在公司工作的最后一天，其他同事都出差了，办公室里只有我和他两个人。也许是不想和并不满意的下属单独吃饭，他不到 12 点就走出了办公室。过了一会儿，我一个人慢悠悠地走进公司食堂，发现组长正一个人在吃饭。犹豫了一会儿，我还是端着餐盘坐到了他面前。组长脸上露出惊讶的神色，然后继续默默吃饭。

"您最近很辛苦吧？"

我不自觉地说出了这句话。按照他的脾气，他应该会端起餐盘砸向我，我一时有些害怕。但他说了一句话，让我也突然有些心酸：

"有林，我以为只有我自己懂那些业务，但事实并不是这样的。将近一个月，我在公司里什么都没做，组里还是可以正常运转，谁也不来问我问题，我有种只有自己被蒙在鼓里的感觉。"

职场生活中，有人常常怀疑项目是否成功了、与同事们的合作是否融洽、外部对公司如何评价，却从来不怀疑自己，这真是一件非常危险的事情。

有人这样说过：

叫嚣着自己是在和这世界斗争的人中，

有太多人并不知道，

他其实是在和自己斗争。

第五部分

因为不想去公司
而进行的心理咨询

1

我并不是
没关系

 "让我们下周一之前把这些做完。"

这是星期五下午。我手头上有正在修改的内容，光是要完成这个工作，时间就已经不够用了，现在又让我们做新的东西。又要带着没做完的工作下班了，已经连续好几个星期都是这样了。

"欺负人也不是这么个欺负法。"

从办公室走出来后，我到便利店买了一堆零食，在回去的路上把公司骂了个遍。如果是平时的话，这时候应该已经消气了，但不知是不是骂了太久产生了副作用，心中某个地方涌起的滚烫又不快的情绪始终无法消解，反而还在持续不断地高涨。整个周末我都在生气，这种情况也不是第一次发生了，我为什么还这么生气呢？

"还不如离婚！"

终于，周末因为很小的事情和老公发生了争吵，在气头上我说出了离婚的话。那晚我们分房睡了。我一个人躺在床上，心里细数他让我失望和生气的每一件事。一直到凌晨，我才睡着。但第二天睁开眼时，我无法理解的不再是老公，而是我自己。不管发生了什么，我怎么会说出"离婚"这个词呢？

我们对彼此虽然有小小的不满，但大体上夫妻关系很好。我们已经结婚5年了，但仍然觉得和对方在一起很愉快。如果真的有什么问题，那就是我每天都把白天没做完的工作带回家做。到底是辛苦，还是生气，连我自己都读不懂自己的心了。

一想到仿佛要回到之前那段时间，我就觉得很恐惧。

2018年，我度过了疲惫又痛苦的一段时间。让我产生这种状态的最大原因来自公司，因为每个月我都要和没有礼貌的同事们一起完成超负荷的工作。而且，那段时间我还搬了一次家。带状疱疹、恐慌、脱发……因为压力，我的身体完全垮了。

即使这样，我还是一直坚持着工作。有一天，我要去出差，上午在公司完成工作后，下午出发。到达目的地后一直工作到凌晨1点，然后在附近的酒店里睡了一觉。第二天早上6点就起床了，在场地吃过早饭之后又一直工作到晚上7点。因为我的工作大部分时间要和人说话，所以我尽量不露出辛苦的神色，保持着微笑，但到工作快结束的时候我再也笑不出来了，因为部长说了这样一句话：

"愚蠢的人只会觉得工作辛苦，而不是想办法提升能力，提高自己的年薪，获得成功。你说是不是，有林？"

他的话听上去就像在说"你不是那种觉得工作很辛苦的愚蠢人类吧？"一直忍住的情绪突然涌上了心头。在那一瞬间，我差点直接开口问他："所以你说的成功就是你现在这个水平吗？"在我差点哭出来的时候，部长消失了，他的话一开始就不是为了听我的回答而说的。于是我那没有去处的愤怒去向了无辜的地方。

"到底什么时候才来？快点啊。"

"你为什么总给我打电话让我分心！"

正好当时老公打来电话，我的愤怒转化成了对他的怒吼，但吼完之后我又呜呜地哭了起来。他不知所措地问我到底发生了什么事，我却无法解释，我不想说"最近工作太多，我好辛苦"。感觉到自己内心丑陋的愤怒，这让我既羞愧又悲惨。我不知道问题到底出在哪里，但也不能让老公承受我的情绪。

那之后的几个月里我都很不安、忧郁，也笑不出来。等公交车的时候感觉眩晕，坐在公交车上觉得胃里翻涌。回到家就只吃点方便面这样的即食品充饥，然后躺在沙发上，看一会儿手机后，继续在餐桌上工作。偶尔会觉得在办公室里呼吸困难，周末在家睡觉时会流冷汗，周一早上常常头痛。

就这样过了一年，我变好了一些，不，是我以为自己变好了。生气的时候，先深呼吸三次，最大程度不显露出情绪，不再强迫自己必须要工作，自己给自己制定了很多规则。也不是没有效果，而且正好那段时间公司业务量也大幅减少，痛苦像沙粒一样被风吹散了。

但当公司的业务再次堆积，夜班多起来时，我感到一切又像之前一样糟糕了。这次我的情况更差了，身体和心灵都出了问题，工作很难进行下去，我觉得自己像一台浑身都是故障的机器。简单的工作也不能轻松收尾，工作堆在一起后胃里又开始翻涌了。我变得抑郁、不安，逐渐疲惫。

💗 **今日心得** ┈┈┈┈┈┈┈┈┈┈┈┈┈┈┈┈┈┈┈┈┈

> 但这次我不想逃避，
> 我要正面对抗。
> 我决定直面自己的情绪，
> 于是申请了心理咨询。

2
越来越像爸爸的
女儿

 "在心理咨询期间，不要自残或自杀。"

心理咨询的第一天，我收到了包含咨询期间需要遵守的事项的合同。在签字之前，我仔细阅读了合同的内容。在"不要做"的事项里，还包括了自残和自杀。我还没有到那种程度，是不是来做心理咨询太早了？我的问题是不是只是一种忧虑呢？而且，申请表是在一个月前填写的，现在的情况和当时填写的情况也有很多不同。

这段时间里，我向老公道了歉，检讨自己不应该随便说出离婚。对不分白天黑夜，连周末都要求我工作的公司的愤怒也消退了一点。而且，我还积极地区分了家务和公司的工作，把在家工作的场所从客厅转移到了书房，有时也会去咖啡厅。但这并不代表一切都是完美的。

"我吧，不安感非常强烈。我也知道，不安是一种没有办法完全消除的情绪，是大家都有的一种情绪。我只是想把巨大的不安缩小一些，我还想知道自己到底是什么样的人。"

听着我的愿望，心理咨询师这样回答我：

"这个开头挺不错的，因为你希望得到的东西非常具体。"

在开始正式咨询前，要填写不少内容。咨询师递过来的两张纸上写满了问题，我需要回答完。比如，当看到"我抑郁的时候_____"这样的句子，写下脑海中当时想到的答案。

"我抑郁的时候会睡觉。"

我毫不犹豫地写出了这个句子，却在下一句上暂时停住了。

"我觉得爸爸_____"

一瞬间，我脑海中蹦出了几个词。我想起咨询师说"不用认真思考，想到什么就写什么"，于是我这样写：

"我觉得爸爸看上去让人心痛又孤独。"

"你写了爸爸看上去让人心痛又孤独，你和爸爸的关系怎么样呢？"

原本是因为公司的压力、自身的不安感、自我的变化才去做心理咨询的，结果咨询师问我关于家庭的问题，我有些不知所措。

"我们关系很好，我和爸爸喜欢的东西也差不多。"

"你和爸爸从小就很亲密吗？"

"啊，不是的。不是从小就这么好，是从 20 岁开始的。"

"20 岁？有什么特别的契机吗？"

这要从何讲起呢？

"是的，那时候和爸爸两个人一起生活了一年。"

应该不会毫无理由地问我这些问题吧？我开始讲述我那从没对别人说过的故事。

在我 20 岁的时候，爸爸的事业出现了问题。那时候，我知道了离婚原因中最常见的就是"经济困难"。我的父母那时每天都在吵架，因为哥哥去当兵了，出面拦着他们吵架的人只有我。他们互相埋怨、辱骂，有时还会砸坏东西。在爸爸事业出现问题之前，他们之间的感情很好，我从没想过他们会如此讨厌和憎恶对方。

在他们争吵的过程中，我还知道了一些隐藏的秘密——爸爸是没有父母的，我一直叫爷爷奶奶的人其实是爸爸的大伯和大伯母。爸爸的亲生父亲在他很小的时候就去世了，亲生母亲再婚之后抛弃了自己的孩子。

这时我才把拼图拼凑完整，之前我一直以为爸爸在关系很好的父母膝下长大，直到那时我才明白为何爸爸的脸上总是布满阴云。他不怎么说话，却总是教育孩子们要孝敬爷爷奶奶。当外婆来到家里，吼着"我女儿的人生更重要"的时候，爸爸对我说"要孝敬爷爷奶奶，这世界上再也没有他们那样的人了"，以此旁敲侧击，回敬他的岳母。

在他们判断夫妻关系无法恢复之后，妈妈搬到了外婆家里住。在这件事中，并不是谁有错，也不是谁错得更多。只不过，我觉得爸爸看上去更让人心痛。在工作和家庭都倒塌的时候，爸爸身边只有我。那时我虽然已经20岁了，是个成年人，但在父母眼中，孩子永远是孩子。比起伤心的时候从我们身上获得安慰，其实更多的时候，孩子总是让他们觉得愧疚。

那一天，我们卖掉了房子，搬到一间小小的出租屋。

收拾完行李后，我和爸爸出门吃晚饭。新搬去的地方虽然有很多饭店，但我们还是去了高速公路休息区。我点了方便面，爸爸点了乌冬面，我们相对无言地吃完各自的面又再次走上了高速公路。在回去的路上，爸爸只对我说了这句话：

"以后爸爸会给你准备早饭和晚饭，你不要担心。"

那天晚上，我听到了客厅里轻轻的脚步声。爸爸一直蜷缩在阳台的一角抽烟，直到天亮，而我辗转难眠。就这样，搬到出租屋的第二天，我和爸爸坐在餐桌边，面前是两碗辣酱汤。爸爸做的酱汤里放了太多糖和辣椒酱，吃的第一口发甜，第二口发涩，但我比平时吃了更多的米饭。

爸爸遵守了他的承诺，每天都给我做饭。虽然我没有对他承诺什么，但每顿饭我都吃得很香。我们一起去登山，一起吃夜宵，一起看电影。不过，我们之间的对话并没有变得丰富，我们仍然不知道该如何对待对方，只能是爸爸默默地守护女儿，女儿默默地守护爸爸。

"看来你和爸爸之间有着特别的记忆。"

我说完这段故事，有些哽咽，但没有流下眼泪，这只不过是一段有些痛苦、但也没那么痛苦的记忆。一年后妈妈回来了，那时家里的经济情况并没有好转，但我们开始像以前一样一家人生活。我只和爸爸单独生活了一年。那段时间爸爸费心照顾我，为了唯一的女儿，他把自己的不安和孤独深藏起来。问题是，女儿早已清清楚楚地看透了爸爸努力隐藏起的情绪。

爸爸无可奈何的不安与孤独深深地留在了我的生活里。有人说女儿像妈妈，但我却过着越来越像爸爸的人生，我渐渐像他一样，即使很累却还有很多东西无法放弃。也许这些时不时出现的让我倍感辛苦的情绪，都是我越来越像比我更坚强的爸爸的副作用。

♥ 今日心得 ··

听说最愚蠢的防御机制叫作"否定"。

因此，现在我想要承认——

我起伏的人生，

以及我黑色的皮肤和矮小肥胖的体型，

都和爸爸一模一样。

3
总感到不安的
真正原因

 在第二次心理咨询时，
我总是使用"很冷"和"凉飕飕"这样的表达。

"在聚会中认识的姐姐说我是个很冷的人。我自以为自己很健谈，而且常常笑，所以不是很理解她的意思。"

"妈妈每天都说我特别冷漠，但我不管再怎么忙，妈妈说的我都照办了，我只是不会特别亲昵地撒娇。"

"公司？有一个一起工作了三年的同事。我觉得自己在工作中都很有礼貌，结果我听别人说，她说我是个冷漠的人。"

这些都是身边的人对我的评价，一个朋友也曾对我说过"你是个会收获两极评价的人"，她还告诉我，我说话的时候直率有趣，但不说话的时候，脸上的表情会让人误会我很严肃，我也因此承受了很多误解。

"你想过原因是什么吗？"

听完我的故事，咨询师这样问我。我有一些猜测，但很难清晰地解释出来。

"嗯……即使在外面玩得很开心，我也会突然焦虑不安。比如：家里的煤气开关是不是关好了？我明天能写完企划案吗？玩得太晚的话要打车回家，没关系吗？很多担心一瞬间就冒出来了，然后我就很难再集中注意力。"

"为什么会这样呢？"

"很难说。强迫症？压迫感？心里某个地方总是有一种类似的感觉。不过，我觉得这种感觉就像利息，是我没有更努力、没能做更多的事情所带来的利息，而没还上的利息像雪球一样越滚越大。"

"你在向谁还这个利息呢？"

"嗯？"

"让你感受到强迫症和压迫感的这份利息，是在向谁偿还呢？应该不是还给身边说你很冷漠的人吧？"

"……"

"你本来是为了自己去享受快乐时光的，可是为什么对自己既受伤又疲惫的事实这么迟钝呢？"

我无法回答。

和所有的上班族一样，我在公司度过了无数个截稿日。虽然不是炫耀，但我没有一次不按时交稿，连看上去几乎不可能完成的工作我也都准时完成了。我总是要求自己一定要准时完成，不管发生什么，我都告诉自己只要坚持下去就行了，我靠压榨自己，死守交稿的时间和承诺坚持着。但现在，我为什么会觉得自己的人生欠下了这么多利息呢？究竟为什么在完成了所有应该做的事情之后，我却得出了自己没有努力生活的结论呢？

在和咨询师的对话中，我模模糊糊明白了一件事：我一路咬紧牙关、坚持到现在，却变成了一个无法感知疼痛的人，甚至已经迟钝到没看见血，就不承认自己受伤了的地步。

我突然想起不久前的一件事。

那天，我趁着午饭时间去牙科诊所。为了治疗牙床，我的右边口腔和下巴都打了麻药，医生嘱咐我，最好等麻药药效过去后再吃饭。午饭时间是一个小时，治疗完之后，我在30分钟内回到了公司。"咕噜——"，这时我感到了极强的饿意。我用手托着打了麻醉的半边脸，陷入了苦恼。我试着做出嚼东西的动作，动了动嘴巴，好像没有什么感觉，我觉得应该可以吃饭了。而且左边嘴巴里的味觉还在，也能尝到食物的味道。而且，医生嘱咐时用的是"尽量"而不是"绝对"这个词，其实也不是不让我吃饭的意思。

餐厅的菜单有培根、绿豆饼、海带汤。在拿起勺子前，我又一次使劲摩擦着上下牙齿，确认牙齿的状态。嗒嗒，嗒嗒，轻快又轻松的声音。应该可以享受培根、米饭和泡菜这一梦幻组合的美味了！

我吃饭的座位一旁，墙上挂着一面镜子。喝海带汤的时候，汤总是从我的右嘴角流出来，就像缺了一角的罐子一样，打了麻药的下巴也感觉不到从嘴角流下来的滚烫汤水。不过，没问题的嘴巴左侧尝到了汤水的味道，很不错。接下来我夹起一片培根，吭哧吭哧，我用比平时更大的力气嚼着培根，但右边的牙齿根本咬不断培根。

使劲，我更使劲地咬了一口。突然，左边口腔里尝到一股血的味道，我有一种不祥的预感，赶忙抬头对着镜子看我的嘴巴里面。右边口腔里正流着鲜红的血。因为没有痛觉，我把自己嘴巴里的肉当成培根咬了下去，而且是非常用力地咬了下去。

饭不能继续吃了，我开始担心麻药药效散去后会有疼痛袭来，也突然发现原来感受不到疼痛是一件如此危险的事，直到流血了才注意到情况不妙，这真可怕。

就像直到咬伤自己、见了血都察觉不到疼痛一样，过去我总是装作看不到自己的痛苦，但其实别人早已把我看得清清楚楚——冷漠又淡然的性格，连自己都不爱。我甚至完全不知道我的样子是多么愚蠢。

"老公，我今天才明白，你的自爱和自尊一样多。"

"我之前就说过了，你的自尊感太低了。所以我一直都很担心你。"

在第二次咨询结束之后，我给老公打电话。

他是最近几年里，看到最多我真实的样子和尖锐一面的人。有一阵，我总是抱怨快累死了，那段时间他每天早上都会先把我叫醒才出门上班。后来我问他那时为什么那么做，他支支吾吾地说"想看看你是不是还活着"，就这样糊弄了过去。那时我被老公的话逗笑了，现在想想，他是不是一直在替妻子承受痛苦呢？

♥ **今日心得** ┄┄┄┄┄┄┄┄┄┄┄┄┄┄┄┄┄┄┄┄┄┄┄

> 我觉得很愧疚，对老公，也对自己。
> 还有对被我当成培根咬的自己的肉。

4
对，不要笑，
哭吧

 "你曾经因为公司里面的关系而感到疲惫吗？"

"有很多时候吧。和我不合拍的上司，有竞争意识的同事，还有讨厌我的下属。不过这些事情每个人都会经历，哈哈哈。"

"有林，你知道自己在讲不开心的记忆的时候，会特别努力地想笑着说吗？最开始在讲爸爸的故事的时候，你的声音听着都快要哭了，但脸上还是笑着的。"

"我有这样吗？"

"是的。也许你在感到辛苦的时候，并不想让别人看到你辛苦的样子。所以，你越觉得辛苦就越会笑着和大家开玩笑。"

"啊，是这样。"

"感情分离和装作什么事都没有、压抑自己的情绪是两码事。"

"是啊，但如果不那么做的话，我心里仅存的一点点自尊心都要没有了。"

"你为什么会这么想呢？是不是曾经发生过类似的事情，或者有什么契机让你这样想呢？"

大概在 10 多年前，在公司里，我有一个很喜欢的部长，不只是我喜欢他，大部分同事都很崇拜他。年轻的同事们下班后聚餐，不会叫其他领导，但会偷偷叫上部长一起去。

部长的人气秘诀是包容和亲切。如果刚入职的同事犯了错误，他会训斥，但同时也会帮助他们解决问题。而且哪怕他自己因为这件事利益受损，也不会情绪化地把火发在下属身上。除此之外，他在业务上也有很多值得我们学习的地方，我到现在还在用跟他学习的方法来写作，在这一点上他既是很好的领导，也是很好的人生导师。

但是公司的领导是不喜欢这样的员工的。从管控员工的角度来看，部长就是他们的眼中钉。部长和谁说话都很有礼貌，也一直在默默做实事，但他的绩效评价总是处在下游水平。部长绝对是一个有能力的领导，但对于领导的领导来说却不是这样的。终于，部长被派遣到了地方公司，说是派遣，但在人迹罕至的地方上班，只有两张办公桌，也没有人给他分配工作，这其实就是逼着他离职。所有的同事都很难过，但没有一个人为他站出来。对我来说，那是第一次对公司的威严产生了怀疑。那时我也才明白，部长是凭着多么大的勇气，才能那样工作下去的。

大概就是那个时候，我决定辞职，为了疲惫的身体和心灵，我决定先休息一段时间。在我好好休息了一段时间，准备开始找工作的时候，公司的一个前辈联系了我。

"有林，你最近过得好吗？我……有件事想拜托你……"

前辈想让我帮忙为部长作证。部长和公司的关系走到了最差的地步，他准备和公司打官司。这么久以来，公司对部长有哪些不正当的待遇，又是如何威胁他离职的，这些需要有证词。前辈说，大家都很想帮部长，但因为大家都还在公司上班，担心会因此给自己带来不利，都有些犹豫。于是前辈在苦恼了很久后，给我打了电话。

"对不起，前辈。这对我来说也有些困难。"

我拒绝了他的请求。这个行业的圈子很小，我虽然离职了，但并没有离开这一行。和还在公司里的前辈们一样，我也很害怕，不，是恐惧。

那天晚上，我久久不能入睡，一直睁着眼睛到天亮。我没有帮助在我困难的时候温暖包容我的人，也许以后我会一直做这种卑鄙的选择。甚至再过段时间，连这样的自责也会消失。在经过很长的苦恼后，我做好了被讨厌的准备，打通了部长的电话。

"部长，对不起。我没能帮上您。"

不管听到埋怨还是激烈的脏话，我都准备闭紧双眼一直道歉下去。

"哈哈哈，有林，没关系，没关系。应该道歉的是别人，怎么要你向我道歉？还有，你的身体怎么样了？最近过得还好吗？"

部长并没有埋怨我或者骂我，而是问我最近过得怎么样，还记挂着我的身体。他说活得久了，就会遇上这样那样的事情，让我不用担心他。那时，他说话的时候一直夹杂着笑意。

不久后，部长在和公司的官司中败诉了。我没有再给部长打电话，因为如果联系他，他一定又会笑着说没关系。我不想给用笑容坚持着、守护着自己自尊心和尊严的部长再增加一份负担。这是我对职场生活中最尊敬的前辈的一种礼貌。

10 多年后的现在，我偶尔会这样想：那时，如果部长说我让他很失望是不是更好呢？如果他没说不用担心，而说那是他人生中最紧要的事件，结果又会怎样呢？那样的话，那件事应该就不会像一直卡在喉咙中取不出的鱼刺一样，留在我的记忆里。

情绪是一种反应。在受到不公正待遇的时候，在经历令人委屈的事情的时候，愤怒并露出生气的表情是对自己情绪的一种反应。用哪种形式来表达自己的情绪，这个决定权在我们自己手上，哪怕那种情绪是负面的。但是，我们从小就被教育，只有隐藏自己的负面情绪才是一个大人，一个成熟的人。我们从来没有想过可以根据不同的情况，选择不同的情绪反应。

但是，分离情绪和忍受情绪是不一样的。下班后，切断让自己疲惫的职场生活中的负面情绪，从而专注于自己的生活，这是分离情绪。公司用续签合同要求我做分外的工作，而我什么都不敢说，只能默默工作，这是忍受情绪。只有自己才可以对自己的情绪提问，我正在忍受的情绪是否正让我变得不幸？主动压抑让我们自己变得不幸的情绪是一件危险的事情。因为如果随意处理这些情绪，它们以后就会悄无声息地变成压迫我们人生的红色纸条。

第4次心理咨询结束后，我在回家的路上下定了决心。以后和让人倒胃口的总公司负责人对话时，没有必要再让自己保持微笑。哪怕他先笑了，我也绝对不会跟着他笑起来。

该哭的时候哭，

不想笑的时候不用笑。

这是我和自己心灵沟通的方法。

如果现在不觉得不幸福，
就意味着现在很幸福

 "过去我不会这么做。但最近在公司，即使
没有事情的时候，我也装作正在工作。"

上班并不是一直在忙碌。到公司后，也会有正好没有事情做的时候。比如前一天正好完成了项目，上司或总公司负责人到海外出差，或事情并不顺利的时候。

"你不是因为害怕公司所以到现在还那样做吧？"

"什么？"

"上周你不是说过因为害怕公司，所以没能在那位部长打官司的时候帮助他，那种情绪像卡在喉咙里的鱼刺一样一直留在你身体里吗？"

"以前，我有种即使辞职了，我也能养活自己的自信。但最近我总是想，如果辞职了，我以后该怎么生活呢？这种想法总是让我不安和迷茫。"

"有林，如果你辞职了，会发生什么事情呢？"

"从双职工家庭变成家里只有一个人有经济收入，我肯定会担心钱的问题。现在普通人家出身的家庭只有一个经济来源的话，生活不会太轻松。人类的平均寿命虽然延长了，但公司却比过去更轻易地辞退员工。我会想很多，情绪变得不安。"

"不安之后会觉得不幸福吗？"

"人一直处于不安状态的话，难道会幸福吗？"

"你对还没有发生的事情感到不安，在事情还没发生时就已经觉得不幸福了。"

"嗯？"

是的。我是一个总在不幸尚未来临之时就已经开始不幸福的人。

20多岁的时候，在开始准备考试和就业面试之前，我就已经非常不安了。落榜了该怎么办？没被选上该怎么办？想象着还没有发生的坏事，自己打击了自己的士气。如果最后的结果和自己想的一致，那一天我会把早早就准备好的不幸，像手榴弹一样拿出来，主动引爆。但那个时候一切都还算正常，担忧的事情并不总会成真，我也有很顺利的时候。

这种症状变严重是从几年前开始的。这几年，我一直在一家外国公司做临时工。这个公司的合同每年签一次，我签过四次合同了，也就是说我在这家公司工作已经超过 4 年。而且，工作期间我总是遇到瓶颈，不再像之前一样，因为小小的成绩就欢呼雀跃。工作堆积如山，无法计量。我没有获得一点成就感，还有很多其他的情绪来来去去。

其中，"卑鄙"是一种我无法摆脱的情绪。卑鄙，听上去不容易理解，意思是每到要续签合同的时候，公司之前承诺给我的东西就会一个接一个消失。第二次续签合同，绩效奖金没有了；第三次续签合同，教育费补助没有了；等到了第四次续签合同时，员工应享受的优惠也没有了。最近，公司又重新查看了不久前已经削减过一次的加班补助和差旅费，也许是为了在第五次续签合同时提出更有利于公司的条件吧。除此之外，公司在方方面面都为我展示了到底什么叫作"卑鄙"。如果都写出来的话，我的第一本书《我是超级非正式员工》就有第二部了，但我决定忍住。

但这一切并不都是公司的错。从 20 多岁起，我就开始经历这种大大小小的失败，见识把人随意揉搓的卑鄙公司，这种经历一点点积累下来，我已经极度疲惫了。仔细想想，最近很多时候，我甚至连不安的情绪都觉得无所谓了。因为太疲惫了，我希望一切都能尽快结束，而这又带来了更多的痛苦，这样的事情已经多得数不清了。

"有林，你说过你知道不安并不会消失，只希望尽量减少这种不安，对吧？"

"是的。"

"那么，先试试看接受不安怎么样？因为不安也像感冒一样，虽然会难受，但过一段时间就好了。因为不安而感到不幸福，心里会很委屈吧，就像得了感冒就联想到死亡一样。"

最后一次咨询就这样结束了。

回到家里，我开始思考，如果不和公司进行第五次续约，我的生活会变得如何。那样家里只剩下老公一个人在工作，收入会减半，所有的花销都要减少。然后，在一段时间内，我需要认真考虑以后要做什么。但是，无论如何都可以活下去，仅此而已。

在一档叫作《人生酒馆》的综艺节目中，演员姜河那曾有一段关于幸福的名言。他在一本书中读到"过去只是谎言，未来只是幻想"的句子，感悟出"我们拥有的只有当下这一刻"，于是他得出了这样的结论：

"如果现在我不觉得特别不幸福，那不就等于现在是我最幸福的时候了吗？"

♥ **今日心得** ··

接受自己内在的恐惧和不安，
也许是找回我错过的无数幸福的方法。

6
关于我主动接受心理咨询的
坦诚后记

 "我想接受心理咨询。"

没有人问过我，也没有人建议过我，是我自己决定接受心理咨询，也是我自己主动把接受心理咨询的事告诉身边的人。如果他们把我当成奇怪的人怎么办？在考虑要不要去咨询时，我曾有过这样的担忧。但当身体和心灵都在承受痛苦时，别人的看法就一点儿都不重要了。

当我说自己要去接受心理咨询时，和预料到的一样，有人用微妙的眼神看着我，但绝大多数人的反应是这样的："真的吗？那你体验过后告诉我是什么感觉吧。"

所以我把这段时间被多次问到的问题和我的答案整理如下：

Q：做心理咨询是不是很贵？

A：咨询以 50 分钟计算为一次，每次的费用从 5 万韩元到 15 万韩元不等。我一开始也担心费用的问题，所以选择合适的咨询中心不是件容易的事。大家都知道，现在不能完全相信网上搜索出的结果。就在这个时候，朋友推荐了她曾做过心理咨询的诊所。这个心理诊所是专家们进行才能捐赠①的地方，可以免费进行咨询。诊所离我家有些距离，我只能在周末进行咨询，但因为信赖朋友，我最终还是选择了这家。我预约了 12 次咨询，为期 6 周，一周两次，每次的时间是 50 分钟。中间有一次我和家人去旅行，所以一共去了 5 周，共做了 10 次心理咨询。

Q：做心理咨询的同时，也需要配合吃药吗？

A：去医院看过精神科以后，如果医生开了处方，才需要进行药物治疗。我是为了倾诉自己的问题，找到原因和解决方法，所以选择接受心理咨询。

---

① 韩国近几年出现的一种新的公益活动形式，通过自己的才能进行公益活动。

Q：在做咨询的时候，会不会被要求说出本并不想说的事情？

A：那取决于自己的选择。但是，不想说的话题里可能会藏着解决自己心理问题的线索。所以我虽然没有全部都说出来，却也说了很多自己的故事。心理咨询师和律师类似，不得泄露咨询过程中听到的内容，要保护客户隐私。

Q：所以，你做心理咨询以后，心情变好一点儿了吗？

A：嗯，好像变好一些了。因为咨询师会倾听我的故事，和我共情。我还可以对她说一些不能轻易告诉别人的故事，想起一些连自己都已经忘记的记忆，这会让我从完全不同的角度思考自己的问题。不过，这都是我个人的情况。也有人说，越接受心理咨询，就越感到不愉快和烦躁。我不是非常了解，也许咨询者和咨询师需要比较投缘才行吧。

Q：我要不要试试心理咨询？

A：如果已经有"我也试试看"的想法就可以认真考虑一下。到目前为止，在韩国，很多人认为治疗身体上的疾病是理所应当的，但却不理解为什么需要治疗心理上的疾病。我周围人的看法也大概是这样的。但是，就像身体不舒服的时候，心情也会跟着不好一样，如果心灵生病了，最后身体也会生病的。所以，心里感觉不舒服这件事千万不要忍着。

Q：做心理咨询后，职场生活有什么变化吗？

A：我有一个通过工作认识的朋友，叫智敏。智敏总是把"等看到公司换老板了我再辞职"这句话挂在嘴上。她的老板在员工中的评价和传闻并不好，而且公司营业额也一直在下滑，她认为公司老板也要每年或每两年更换一次，这听上去是件可行的事情。但最终先离开的人是智敏。她因为工作压力，连饭都吃不下去了，离职时瘦骨嶙峋。我在做咨询的时候，想起了她的样子。原来公司并不会比我先改变，因为公司原本就是这么顽固不化。在做咨询的过程中，我明白自己也曾像智敏一样，怀着一种看公司好戏的心情去上班。可即使情况如此，仍然想把自己的未来依靠在坏公司上。最近，我正在努力学着对公司不那么用心，因为觉得公司辜负了我的心意，而且我正在寻找下班以后可以做的有意义的事情。

Q：那你现在应该不需要再做心理咨询了吧？

A：不，这说不好。也许以后我还会再次出现心理问题，也可能会发生意想不到的事情，那样的话就要直接越过心理咨询，去看精神科了。只不过，最近我变得更平静了。还有，我打算以后不再装作心里不难过了。从现在开始，我会像观察身体状况一样，仔细观察我的心理状态。

♥ 今日心得 ┈┈┈┈┈┈┈┈┈┈┈┈┈┈┈┈┈┈┈┈┈┈┈┈┈┈┈┈┈┈┈┈┈┈┈┈┈┈

接受心理咨询或接受精神治疗确实不容易。但是，只要经历过就会明白这件事的重要性。就像为了对抗雾霾，我们要戴上防尘口罩严密地保护呼吸道；

　　为了不在下过暴雪后的第二天滑倒，穿上合身的衣服和登山鞋；

　　为了哪怕只有一天可以以健康的心情生活，

　　接受咨询和治疗并不那么困难。

　　只要亲自去尝试一次就知道了。

7

只有家庭和睦，
才能好好在外上班？

"再怎么吵架，早饭还是应该给丈夫做呀。
家庭和睦，才能在外面好好上班啊。"

这是朋友第一次和老公吵架后，她的婆婆唠叨她的话。明明结婚前，婆婆还说过："你和这小子吵架的话，就给我打电话，我替你教训他。"她以为自己得到了一位强有力的外援，和老公吵架后真的给婆婆打了电话。结果得到的回答是——为了让自己的儿子能出门好好上班，不管再怎么生气，媳妇还是应该给他做好早饭。

其实，家庭不和睦，并不是只有男人的工作会受到影响。在越来越多的已婚女性选择继续工作的当今社会，这句话也适用于女性。一位女科长因为和老公发生口角，夫妻二人分房睡了一个月，突然有一天她在工作中提出了很多好点子，原来那天她和老公重归于好了。另一位女同事每天早上都踩着点进办公室，看尽前辈们的眼色，而突然有一天，她开始很早到公司，原来因为她进行了强烈的反抗，让早饭一定要吃米饭的老公改吃了麦片。

我的职场生活也会受到家庭矛盾的影响。前一天和老公激烈争吵过后，第二天就会浑身没有力气，工作效率变低。平时上司说的过界笑话，我一般装作听不懂，但在那天会尤其刺痛我，招来我尖锐的回嘴。有一次，我刚和老公因为生孩子的问题吵架。结果第二天，上司吃完午饭后，一边用牙签挑着牙缝中的辣椒面，一边说：

"现在你也算高龄产妇了，快点怀上吧。夫妻之间没有小孩走不长久的。"

而我的回答也像嵌在他牙缝里的辣椒面一样呛人。

"可是我生下孩子，组长你会帮我养吗？"

因为这件事，组长和我的关系疏远了，这一点我倒是无所谓。但后来分配给我的工作多到不合理，让我非常烦恼。

最近有很多公司开设了公司内的心理咨询室。在那里，和工作压力一样多的，就是对家庭不和睦的倾诉。不久前，老公的公司开设了关于夫妻沟通的线上讲座。与新婚时期不同，我本以为我们已经到了一个平稳时期，但老公却高兴地认为这是我们俩都非常需要的讲座。

听讲座的那天，老公在公司，我在家里，我们各自进入线上讲堂听讲座。在讲座正式开始之前，我们先进行了几个问答，用来判断自己在夫妻关系中属于哪种性格类型。问答的结果令人意外，我和老公都是"安定型"。"安定型"的人与"不安型""回避型""混乱型"的人不同，能游刃有余地处理好人际关系。因此，在夫妻关系中，能展现出突出的沟通能力。简直无法相信！那么，之前我们吵到头破血流都是为什么呢？

咨询师也建议大家要努力成为"安定型"的人，我一下子就对讲座失去了兴趣。在听到"夫妻关系中最重要的是什么？"这句话后面马上跟着"那就是沟通！"时，我差点就合上了笔记本电脑。但我忍住了，给老公发了信息：对别人的事情过分关心的邻居大姐也能说出来的建议，专家说一说就成了讲座啊。那我也应该去考个证。老公的回复却很认真：又有几个人真的按这些谁都知道的道理去做呢？认真听一听，然后在生活中实践。

在各种类型的性格特征和夫妻沟通的重要性内容结束后，接下来的内容是夫妻吵架时要遵守的规则。终于在讲了一个小时后，讲到了重点。我换了个姿势，拿出笔记本和笔。"请放弃配偶会满足我的欲望和需求的期待吧"，"请不要对婚姻抱有幻想"，"请承认自己无法改变对方这个事实"——简单整理一下咨询师举出的相处规则，就是这些意思。这对我来说，也是邻居大姐可以给出的建议。

"现在大家可以提问了。"

终于，讲座结束，提问环节开始了。一直沉默着的对话框里突然出现了一条留言，快要走神的我看到提问的瞬间眼睛睁得大大的。

老师，那您和老公在生活中都能遵守这些规则吗？

"那只是说起来容易。"看来不是只有我这样想。尽管咨询师对理论分析得头头是道，但看起来她并不是能言善辩的人。她微微皱了皱眉头，有些慌了，想了一会儿之后，她这样回答：

"今天讲的大部分夫妻之间的矛盾事例，都是我自己的故事。"

这是个坦诚的告白。她说自己在心理学领域投入这么多，也许和她老公不无关系。一起生活了20年，即使嘴上说理解、接受和信任，但她仍然会时不时怒火涌上心头，对老公生出厌烦的心情。其实在公司中和在家庭中，一个人的关系类型可能会不同，在公司是"安定型"的人，回到家中也有可能是"回避型"。像这样简单地测试一次，并不能完全确定自己是什么样的人。越是亲密关系中发生的矛盾与不满，越需要多方面努力解决。

有时，我们以为最清楚明白的事情才是最难改变的。我们之所以需要咨询师来讲解这些谁都明白的吵架规则，也正是因为如此吧。

家庭和睦，工作才能顺利进行。但是，哪怕工作不顺利，家庭也要和睦。不仅是夫妻二人，还有所有的家人。因为，我们通过工作获得的幸福，并不想和公司分享，而是想和身边的人分享。

　　讲座的最后，又出现了一个问题：

　　"老师，您说夫妻应该一起制定吵架的规则，但我担心这样的结果只是写更多检讨而已。"

　　对此，咨询师什么都没有回答，但她的眼神像是在说：

　　"如果写检讨能让双方都转变为'安定型'，那就写啊，还能怎么办呢？"

终于，周末来了

#"我最近在纽约生活。"

最近在朋友们问候我时，我都是这样回答的。如果对方惊讶地问是怎么回事，我会淡淡地回答："是我最近以纽约时间生活的意思。"这并不完全是玩笑，我真的以和韩国有 13 个小时时差的纽约时间生活着。以遥远的美国时间生活并不是难事，只要在人们醒来的早上睡觉，在人们要睡去的晚上醒来就可以，就这么简单。

我以纽约时间生活的契机是辞职。2019 年 9 月，我决定离开公司。那时只要写完序幕，这本书就可以完成了。辞职并不是冲动的决定，也是公司业务改变后我不得已的选择。在写书稿的时候，我强调自己一定要有计划地辞职，但这次辞职却比计划中的 2020 年 9 月提早了一年。因为这个原因，我把关于这本书的最初想法从"一个上班族克服'周一病'然后去上班的故事"修改为"一个上班族在辞职之前努力克服'周一病'的故事"。果然，书也好，人生也好，还有公司，大部分时候都不是按计划进行的。

辞职后的三个星期里，我因为得了感冒，过上了黑白颠倒的生活。我在最后一家公司工作了四年半。仔细回想，上班期间我一共只得过两次感冒，而且都是睡了一天就去上班了。那时我并不知道，每个人的人生中都有注定要得的感冒次数。忍了好多年的感冒一下子击倒了我，辞职后的两个星期里我一共得了四次感冒，直到第三个星期才勉强可以出门。现在是第四个星期，我正经受着人生中第一次这么长且顽固的感冒。尾声的故事只能以这种状态结束了，因为无论如何，我想快点结束关于公司的故事。

除去在家里做兼职的时间，我在公司上班的时间大概有9年。这其中，有两年半的时间里要在上下班路上花费一小时，6年半的时间里每天要在上下班路上花费3小时。以每个月上22天班来计算，工作时间大概是5500小时。把这个时间换算成天数，就可以得出，仅仅是往返于家和公司的时间，也有足足230天。如果再加上工作时间、周末加班、出差的时间又会是多少呢？9年中，和公司无关的时间又剩下多少呢？

坦白说，我是比别人更难以承受"周一病"的人，这有我患有严重眩晕的原因，也有我始终无法找到工作意义的原因。因此，对我来说，克服"周一病"就相当于寻找去公司上班的意义。我不想否认，去上班的决定性因素是钱，但是，除了钱，还有工作中遇到的人和事。在公司工作期间，努力、成就、挫折、背叛等等，都在不同时期来到我身边。以及，如果在公司之外相遇的话，不会积怨如此之深的关系；如果不是在公司里，也许一辈子都不会说上一句话的擦肩而过的关系；还有即使在如战场般的办公室里，也有可以交换真心的令人感激的关系；等等。就像一次可以吃到有多种口味的冰激凌一样，因为公司，我遇见了丰富多彩的人。这样来说，职场生活就像电视剧，类型随时变换，就连剧中的演员也不知道接下来会发生什么，好似一场随机进行的直播。

我们平均每天要在公司度过戏剧般的 10 小时，那工作的意义究竟是什么？说实话，在公司中经历了千奇百怪的遭遇，我也仍然没有找到意义。也就是说，我终于明白了"寻找意义这件事"本身就是"毫无意义的事"。"意义"这个词总是很高冷，它让人期待极致的感动，对它似乎也不能有不满意的地方，而且看上去需要有非常高的觉悟才能获得。但是，去公司上班并没有给我这样的意义，上班只是给了我一个机会而已，让我有重新思考人生的珍贵机会。

我现在过得还好吗？这是我本来的样子吗？我的人生在朝着我期待的方向前进吗？明天会比今天更好吗？我原本很害怕面对这些问题，但这些问题又促成了我对成长和幸福的执着追求。公司让我不断对自己的人生产生疑问，上班的日子有时幸福，有时痛苦，大部分时间过得还可以。这里的"还可以"是没出什么大问题的意思。

每个周日的夜晚，我都因恐惧周一的到来而无法入睡，等真的到了公司，我又屏蔽自己的痛苦，努力完成工作，这样的日子太多太多了。

最近，我在安静的凌晨独自看电影或读书，大部分都是因为工作太累了而拖着没看的作品。今天凌晨，我看了一部叫作《我的大叔》的电视剧，剧中的主人公东勋因为公司内的派系斗争，被迫卷入竞争。他在上班路上把自己疲惫的身体塞进拥挤的地铁，给远离俗世、成为僧人的朋友发了一条这样的信息：

我拖着千斤重的身体，去讨厌的公司上班。

然后僧人朋友这样回复他：

你的身体最多只有120斤，千斤重的是你的心。

现在，我也到了应该放下千斤重的心，从纽约时间回到韩国时间的时候了。现在是早上8点，如果没有辞职的话，现在应该是我坐上公交车去公司的时间。身体最多只有 100 斤的我，似乎现在还留着作为上班族的记忆。因为即使发着烧，头有些晕，只是因为今天是周一上午，我写作的速度都比平时快一些。

又是一个周一。我盼望糟糕的天气可以避开周一，最起码可以避开上下班的时间。而且，希望阳光强烈到可以把这世界上所有的缝隙都填满。并不是因为我希望上班族们能在路上拥有好心情，而是希望大家都能多补充维生素 D，因为人缺少维生素 D 会变得抑郁。反正都要去上班，还是健健康康去上班更好吧。

周一终于来了。而周日也终究会来的。

后记

我小的时候，外婆曾对每件事都做得不太顺利、
被公司解雇的小舅舅，
说过这样的话：

"结结实实陷入不幸的人，
也会感受到结结实实的幸福。"

那时我还在上小学，
无法理解外婆说的话，
但舅舅露出了被安慰的表情。
时光流逝，我到了当时舅舅的年纪。
现在，我能理解那句话的意思了，
每当想起那句话，我都会得到安慰。

只有经历过痛苦之后，

才会更加敏锐地察觉到快乐的到来。

职场生活也是这样的。

每天打起精神去公司上班，

和人们一起工作之后就会明白，

万事虽辛苦，但也不仅仅只有辛苦，

这是每个人都要经历、承受的。